数学
人类智慧的源泉

探索数学

大观园

RENLEIZHIHUIDEYUANQUAN

周阳◎编著

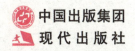

中国出版集团

现代出版社

图书在版编目（CIP）数据

探索数学大观园／周阳编著．—北京：现代出版
社，2012.12 （2024.12重印）
（数学：人类智慧的源泉）
ISBN 978 – 7 –5143 –0924 – 9

Ⅰ.①探… Ⅱ.①周… Ⅲ.①数学 – 青年读物②数学
– 少年读物 Ⅳ.①O1 –49

中国版本图书馆 CIP 数据核字（2012）第 274982 号

探索数学大观园

编　著	周　阳
责任编辑	刘　刚
出版发行	现代出版社
地　址	北京市朝阳区安外安华里 504 号
邮政编码	100011
电　话	010 – 64267325　010 – 64245264（兼传真）
网　址	www. xdcbs. com
电子信箱	xiandai@ cnpitc. com. cn
印　刷	唐山富达印务有限公司
开　本	710mm×1000mm　1/16
印　张	12
版　次	2013 年 1 月第 1 版　2024 年 12 月第 4 次印刷
书　号	ISBN 978 – 7 – 5143 –0924 – 9
定　价	57.00 元

前 言

什么是数学？用一句话概括，数学就是研究数量、结构、变化以及空间模型等概念的一门学科。

数学是一门古老的科学，具有悠久的历史，是人们在生产劳动中，逐渐积累起来的关于现实世界中数量关系与空间形式的经验，经过不断条理系统化而形成的知识体系。

数学也是一门充满青春活力的科学，随着现代化科学技术的飞速发展，一些新的概念、理念被引进到数学领域，给数学灌注了新的"血液"，使数学有了一个更大的发展空间，如今数学正以前所未有的规模，向几乎所有的科学领域进军，一些崭新的数学分支如雨后春笋应运而生。

数学是"精确科学的典范"，它最集中、最深刻、最典型地反映了人类理性和逻辑思维所能达到的高度。由此，11 世纪大数学家，鼎鼎有名的数学王子高斯称数学为"科学之王"。

数学还是一个精彩纷呈的世界，有心于此的学者们在其中欢快地徜徉，他们视一道道数学难题为一座座巍巍高山，勇于攀登，去领略顶峰的无限风光。

数学知识浩如烟海，博大精深，如今，从大到宇宙探索，小到微观粒子的研究，无处不用到数学知识，可以说，没有数学的高度发展，就没有科学技术的现代化，数学缔造了科技史一个又一个伟大的奇迹。

目　录

TANSUO SHUXUE DAGUANYUAN

最美妙的发明

千奇百怪的数

妙用无穷的理论

变幻万千的"形"

经典数学名题

数学家的故事

最美妙的发明

数学是一门古老的科学，远在人类社会发展的最初阶段，人类尚未发明出文字来记录自己的思想，最基本的数学概念就已经产生了。结绳记数、算筹记数、进位制等数学概念及数学工具逐一被发明出来。自此，人类开始了伟大的数学时代。历史以无可辩驳的事实证明，数学的产生对人类社会的发展以及人类思想的发展起到了巨大的影响和作用，数学不愧为"科学之王"，它改变了这个世界。

结绳记数

为了表示数目，人类的祖先在摸索中逐渐学会了用实物来表现，如小木棍、竹片、树枝、贝壳、骨头之类。但是很快就发现这些东西容易散乱，不易保存，这样，人们自然会想到用结绳的办法来记数。

结绳（相当于今天的符号）记数在我国最早的一部古书《周易·系辞下》（约公元前11世纪成书）有"上古结绳而治，后世圣人，易之以书契"的记载（意思是说上古时人们用绳打结记数或记事，后来读书人才用符号记数去代替它）。这就是说，古代人最早记数用绳打结的方法，后来又发明了刻痕代替结绳。"书契"是在木、竹片或在骨上刻画某种符号。"契"字左边的"丰"是木棒上所划的痕迹，右边的"刀"是刻痕迹的工具。《史通》称"伏羲始画八卦，

造书契，以代结绳之政"。"事大，大结其绳，事小，小结其绳，结之多少，随物众寡"。

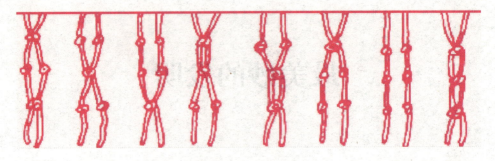

结绳记数

结绳记数在世界各地从古墓挖出的遗物中得到了验证。如南美洲古代有一个印加帝国，建立于 11 世纪，15 世纪全盛时期其领域包括现在的玻利维亚、厄瓜多尔、秘鲁，以及阿根廷、哥伦比亚和智利的部分领土。16 世纪西班牙殖民者初到南美洲，看到这个国家广泛使用结绳来记数和计数。他们用较细的绳子系在较粗的绳上，有时用不同颜色的绳子表示不同的事物。结好的绳子有一个专名叫"基普"。

南美印加人的结绳方法是在一条较粗的绳子上拴很多涂不同颜色的细绳，再在细绳上打不同的结，根据绳的颜色，结的位置和大小，代表不同事物的数目。

印加时代的基普还保留到今天，这些结绳制度在秘鲁高原一直盛行到 19 世纪。琉球群岛的某些小岛，如首里、八重山列岛等至今还没有放弃这种结绳记数的古老方法。

在结绳记数所用材料上面，各地有所不同，有的用麻，有的用草，还有的用羊毛。

但结绳有一定的弊端，一不方便，二不易长期保存，后世的人采用在实物（石、木、竹、骨等）上刻痕以代替结绳记数。现在已发现的最早的刻痕记数是于 1937 年在捷克斯洛伐克的摩拉维亚洞穴中出土的一根约 3 万年前的狼桡骨，上面刻有 55 道刻痕，估计是记录猎物的数目，这也是世界上发现最古老的人工刻划记数实物。

在我国北京山顶洞发现了一万多年前带有磨刻符号的 4 个骨管。我国云南的佤族 1949 年前后还在使用刻竹记事。

在非洲中南部的乌干达和扎伊尔交界处的爱德华湖畔的伊尚戈渔村挖出的一根骨头，被确认为公元前 8500 年的遗物，骨上的刻痕表示数目。考古学家惊讶地发现，骨的右侧的纹数是 11，13，17，19，正好是 10～20 的 4 个素数（其和为 60，恰是两个月的日数，也许与月亮有关。同时可断定古人已有素数的概念，这是不可思议的）；左侧是 11，21，19，9（其和也为 60）相当于 10＋1，20＋1，20－1，10－1。这根骨刻现藏于比利时布鲁塞尔自然博物馆。但纹数之谜尚待进一步揭开。

刻痕的进一步发展，就形成了古老的记数符号——数字，随着记载数目的增大各种进位制也随之出现。

素　数

素数是只能被 1 和它本身整除的自然数，如 2、3、5、7、11 等等，也称为质数。如果一个自然数不仅能被 1 和它本身整除，还能被别的自然数整除，就叫合数。1 既不是素数，也不是合数。全体自然数可以分为 3 类：1、素数、合数。而每个合数都可以表示成一些素数的乘积，因此素数可以说是构成整个自然数大厦的砖瓦。

波斯王结绳

结绳计数虽然是我们华夏祖先较早的一种创造，但在世界各地区，几乎都有过结绳记数的历史。

有这样一则古老的传说：波斯王大理派军队去远征斯基福人，他命令他的卫队留下来保卫耶兹德河上的桥。他在皮条上拴了 60 个结，交给他们说："卫队的勇士们，拿着这根皮条，并按照我说的去做：当你们知道我宣布打斯基福时，从那天起你们每天解一个结，当这些结所表示的日子都已经过去的时候，你们就可以回家啦。"

神奇的算筹

我国古代以筹为工具来记数、列式和进行各种数与式的演算的一种方法。筹，又称为策、筹策、算筹，后来又称之为算子。

算筹最初是小竹棍一类的自然物，以后逐渐发展成为专门的计算工具，质地与制作也愈加精致。据文献记载，算筹除竹筹外，还有木筹、铁筹、骨筹、玉筹和牙筹，并且有盛装算筹的算袋和算子筒。算筹实物已在陕西、湖南、江苏、河北等省发现多批。其中发现最早的是 1971 年陕西千阳出土的西汉宣帝时期的骨制算筹。

筹算在我国起源甚古，春秋战国时期是我国从奴隶制转变到封建制的时期，生产的迅速发展和科学技术的进步遇到了大量比较复杂的数字计算问题。为了适应这种需要，劳动人民创造了一种十分重要的计算方法，就是筹算。

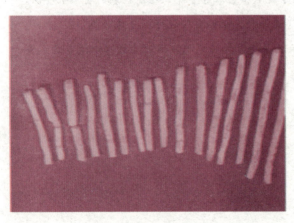

出土的算筹

春秋战国时期的《老子》中就有"善数者不用筹策"的记述。当时算筹已作为专门的计算工具被普遍采用，并且筹的算法已趋成熟。《汉书·律历志》中有关于算筹的形状与大小的记载："其算法用竹，径一分，长六寸，二百七十一枚而成六觚，为一握。"西汉算筹一般是直径为 0.23 厘米，长约 13.86 厘米的圆形竹棍，把 271 枚筹捆成六角形的捆。而《隋书·律历志》称："其算用竹，广二分，长三寸。正策三廉，积二百一十六枚成六觚，干之策也。负策四廉，积一百四十四枚成方，坤之策也。"到了隋代，算筹已是三棱形与四棱形两种，以区别正数与负数。

算筹是筹算的工具，可以摆成纵式和横式的两种数字，按照纵横相间（"一纵十横，百立千僵"）的原则表示任何自然数，从而进行加、减、乘、除、开方以及其他的代数计算。

筹算一出现，就严格遵循十进位值制记数法。算筹记数的规则，最早载于《孙子算经》："凡算之法，先识其位。一纵十横，百立千僵。千、十相望，万、百相当。"九以上的数就进一位，同一个数字放在百位就是几百，放在万位就是几万。

这种记数法，除所用的数字和现今通用的印度—阿拉伯数字形式不同外，和现在的记数法实质是一样的。

我国古代的筹算表现为算法的形式，而具有模式化、程序化的特征。它的运算程序和现今珠算的运算程序基本相似。记述筹算记数法和运算法则的著作有《孙子算经》（公元 4 世纪）、《夏侯阳算经》（公元 5 世纪）和《数术记遗》（公元 6 世纪）。因此，我国古算中的"术"，都是用一套一套的"程序语言"所描写的程序化算法，并且中算家经常将其依据的算理蕴含于演算的步骤之中，起到"不言而喻，不证自明"的作用。可以说"寓理于算"是古代筹算在表现形式上的又一特点。

负数出现后，算筹分成红黑两种，红筹表示正数，黑筹表示负数。也可以用斜摆的小棍表示负数，用正摆的小棍表示正数。

算筹还可以表示各种代数式，进行各种代数运算，方法和现今的分离系数法相似。我国古代在数字计算和代数学方面取得的辉煌成就，和筹算有密切的关系。例如祖冲之的圆周率准确到小数第六位，需要计算正一万二千二百八十八边形的边长，把一个九位数进行二十二次开平方（加、减、乘、除步骤除外），如果没有十进位值制的计算方法，那就会困难得多了。

我国古代的筹算不仅是正、负整数与分数的四则运算和开方，而且还包含着各种特定筹式的演算。我国古人不仅利用筹码不同的"位"来表示不同的"值"，发明了十进位值制记数法，而且还利用筹在算板上各种相对位置排列成特定的数学模式，用以描述某种类型的实际应用问题。例如列衰、盈朒、"方程"诸术所列筹式描述了实际中常见的比例问题和线性问题；天元、四元及开方诸式，则刻画了高次方程问题；而大衍求一术则是为"乘率"而设计的特殊筹式。

筹式以不同的位置关系表示特定的数量关系。在这些筹式所规定的不同"位"上，可以布列任意的数码（它们随着实际问题的不同而取不同的数值），因而，我国古代的筹式本身就具有代数符号的性质。可以认为，是一种独特的符号系统。

知识点

系　数

数学上的系数是指在与特定的变量（或未知函数）及其导数有关的表达式或方程中，与未知数相乘的已知函数或常数。单项式中的数字因数为这个单项式的系数。多项式中最高次幂项的因数叫做这个多项式的系数。通常系数不能为零。

延伸阅读

十进位制算筹记数法是个伟大的创造

我国古代十进位制的算筹记数法在世界数学史上是一个伟大的创造。把它与世界其他古老民族的记数法作一比较，其优越性是显而易见的。古罗马的数字系统没有位值制，只有 7 个基本符号，如要记稍大一点儿的数目就相当繁难。古美洲玛雅人虽然懂得位值制，但用的是 20 进位；古巴比伦人也知道位值制，但用的是 60 进位。20 进位至少需要 19 个数码，60 进位则需要 59 个数码，这就使记数和运算变得十分繁复，远不如只用 9 个数码便可表示任意自然数的十进位制简捷方便。我国古代数学之所以在计算方面取得许多卓越的成就，在一定程度上应该归功于这一符合十进位制的算筹记数法。

阿拉伯数码

阿拉伯数码和记数法也像整个阿拉伯数学一样，是在一定程度上吸收了外来成就，特别是希腊和印度成就以后，经过自己的加工、发展而成的。

聪明的阿拉伯人看到古希腊曾用字母表示数，阿拉伯文共有 28 个字母，他们就用每个字母代表一个数字。其中 9 个字母代表个位数，9 个字母代表十位数 10～90，还有 9 个字母代表百位数 100～900，剩下一个字母代表 1000。

这里，阿拉伯数字记数是按数字从小到大顺序排列，并不是字母表原来的顺序。这种字母记数法，从中世纪直到现在还在使用，多半用于占卜和神事。令人感兴趣的是，在阿拉伯词典中，每一个字母都表明它所代表的数字。

关于阿拉伯数字，曾有一个美丽的传说：古老的阿拉伯数字中，凡两条线段交叉处就组成一个角，每个阿拉伯数字原来的形状就是角的个数。

数 1，2，3……曾在欧洲一些数学史书中被记载为"阿拉伯数字"。其实，这是一个历史的误会，从迄今为止所搜集到的古印度数码可知，古印度数码早在公元 4～5 世纪就已经稳定地发展了。公元 8 世纪，阿拉伯人入侵印度，发现了印度具有十进位值制的德温那格利数字比阿拉伯原用 28 个字母记数符号以及当时欧洲人使用罗马记数方法既简便又科学。阿拉伯人一见钟情，对它产生了极大的兴趣。

公元 773 年，据说有一位在巴格达城的印度天文、数学家，开始将印度天文、数学书籍译成阿拉伯文，于是这时，印度数码传入阿拉伯国家。估计这位印度人带去的是德温那格利数码（具有十进位值制）。还有一本书说，印度传入的阿拉伯数码，最早见于公元662年叙利亚一个"一性论派"主教塞·西波克的著作中。两种说法相差100余年，若后者成立，印度数码传入阿拉伯应当早在7世纪了。

在传入的基础上，阿拉伯第一位伟大的代数学家阿尔·花拉子模写成《印度的计算术》（又译为《印度数字的计算法》），书中用阿拉伯文叙述了十进位制记数法及其运算法则，特别提出数"0"在其中的应用及其乘法性质。这是第一部用阿拉伯语介绍印度数码及记数法的著作，后人称为"印度—阿拉伯数码"。

公元8世纪，阿拉伯入侵西班牙以后，把印度这种数码传给西班牙。后来经西班牙传入意大利、法国和英国。西欧人称其为"阿拉伯数码"，这就是现在阿拉伯数码名称的起源。

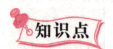知识点

中 世 纪

中世纪是欧洲（主要是西欧）历史上的一个时代，时间范围约自西罗马帝国灭亡（公元476年）数百年后起，在世界范围内，封建制度占统治地位的时期，直到文艺复兴时期（公元1453年）之后，资本主义抬头的时期为止。中世纪时期的欧洲没有一个强有力的政权来统治。封建割据带来频繁的战争，造成科技和生产力发展停滞，人民生活在毫无希望的痛苦中，所以中世纪或者中世纪早期被称做"黑暗时代"，传统上认为这是欧洲文明史上发展比较缓慢的时期。

延伸阅读

阿拉伯数学——数学之桥

　　阿拉伯吸收、保存了希腊、印度的数字，并将它传到欧洲，阿拉伯人发明了代数这门学科的名称。此外，阿拉伯人还解出一些一次、二次方程，甚至三次方程，并且用几何图形来解释它们的解法。

　　阿拉伯人获得了较精确的圆周率，已计算 15 位到小数点后 17 位。此外，他们在三角形上引进了正切和余切，给出了平面三角形的正弦定律的证明。平面三角和球面三角的比较完善的理论也是他们提出的。阿拉伯数学作为"数学之桥"，还在于翻译并著述了大量数学文献，这些著作传到欧洲后，数学从此进入了新的发展时期。

十进位小数

　　小数就是不带分母的十进分数，完全的称呼是"十进小数"。小数的出现标志着十进位记数法从整数扩展到分数，使整数和分数在形式上获得了统一。

　　虽然小数点"."最早是欧洲人创造出来的，但是十进位小数却最早见于我国公元 3 世纪数学家刘徽注的《九章算术》中。

　　古代四大文明古国对进位小数都有所研究，我国不仅是世界上最早采用十进制记数法的国家之一，而且也是最早使用十进制小数的国家。古印度和阿拉伯数学中也用到十进小数。他们在表示小数时，把小数部分的各数分别用圆圈圈起来以便与整数区分。例如 42.56 表示为 42⑤⑥。这种方法后来传入阿拉伯和欧洲。

　　我国古代表示小数，一般借助于度量衡单位。例如：在我国的小数记数中，把 3.1415927 表示为三丈一尺四寸一分五厘九毫二秒七忽。当小数位增多

时，则需要引进一批更小的单位。秦九韶的《数书九章》中，关于一个复利问题的答案是"二万四千七百六贯二百七十九文，三分四厘八毫四丝六忽七微七沙三莽一轻二清五烟"。因为当时钱币是以文为最小单位的，所以"文"以后各位都是小数。上面的数相当于 24706279.3484670703125 文。秦九韶认为，整数的最后一位是"元数"，它是一个"尾数"为零的数。他把小数部分称为"尾数"，我国古代的数学家杨辉，在他的著作中把一个宽 24 步 $3\frac{4}{10}$ 尺

（1 步＝5 尺），长 36 步 $2\frac{8}{10}$ 尺的长方形田的求积问题，化成以步为单位来计算，就会得到：

$$24.68 \times 36.56 = 902.3008$$

这与我们现在的表示法一样。

到了 14 世纪，我国的《丁巨算法》一书中，首先把整数与小数部分严格区分开来。但是小数点是用"余"字来表示的。当小数点后的第一位有效数字前有若干个零时，我们现在可以利用科学记数法来简记。例如电子的质量为

$$0.\underbrace{0000000000000000000000000}_{27\text{个}0}911 \text{克}$$

，它就可以简写成 9.11×10^{-28} 克。这种科学记数法的发明权也属于我国。远在公元 5 世纪，数学家夏侯阳就指出，当除数是 10 或 10 的幂时，可以不再做除法。他列出的规则即相当于用 10^{-1}、10^{-2} 等来表示，可惜已经失传。直到 15 世纪末法国数学家休凯再度引进，才得以固定下来。

虽然我国是最早采用十进小数的国家，但是并没有出现真正的小数点"·"。小数点的出现应归功于 16 世纪荷兰的会计工作者、数学家和物理学家斯蒂文。1585 年，他发表了《论小数》一文，首先引进了符号⓪，把符号⓪放在个位数的后面或上面来区分一个数的整数部分和小数部分；小数部分的数字从左向右依次在它们上面写上①②③等。例如 5.912 可以记为 $\frac{①②③}{5\,9\,1\,2}$，后来他觉得这样书写起来并不方便，又改为 5⓪9①1②2③。这样一来，小数的概念清楚了，但是用起来并不顺手。到了 1592 年，瑞士人布吉仅用一个符号

"0"写在个位数的下面，把整数部分和小数部分隔离开来，这与斯蒂文的分法相比是一个很大的进步。到了17世纪初期，德国的数学家倍伊儿又把纯小数前面的0去掉，在剩余部分的上面写上零的个数。例如0.0054记作$\overset{\text{IV}}{54}$。有文献记载，最早使用小数点的书是16世纪末的《星盘》和17世纪的《代数学》。不过直到19世纪末，欧洲数学对小数的记号仍很混乱。后来决定采用1685年瓦利斯的《代数》中的记法，在整数部分和小数部分之间用"."来表示。

知识点

度 量 衡

　　度量衡是在日常生活中用于计量物体长短、容积、轻重的统称。度量衡的发展大约始于父系氏族社会末期。度量衡单位最初都与人体相关，"布手知尺，布指知寸"、"一手之盛谓之溢，两手谓之掬"。《史记·夏本纪》中记载禹"身为度，称以出"，表明当时已经以名人为标准进行单位的统一，出现了最早的法定单位。秦始皇统一六国后，颁发统一度量衡诏书，并制定了一套严格的管理制度。

延伸阅读

十进制的故事

　　穿过"时间隧道"回到几万年前，一群原始人正在向一群野兽发动大规模的围猎。只见石制箭镞与石制投枪呼啸着在林中掠过，石斧上下翻飞，被击中的野兽在哀嚎，尚未倒下的野兽则狼奔豕突，拼命奔逃。这场战斗一直延续到黄昏。晚上，原始人在他们栖身的石洞前点燃了篝火，他们围着篝火一面唱一面跳，欢庆着胜利，同时把白天捕杀的野兽抬到火堆边点数。他们是怎么点数的呢？就用他们的"随身计数器"吧。一个，两个……每个野兽对应着一根手指。等到十个手指用完，怎么办呢？先把数过的十个放成一堆，拿一根绳，在绳上打一个结，表示"手指这么多野兽"（即 10 只野兽）。再从头数起，又数了 10 只野兽，堆成了第二堆，再在绳上打个结。这天，他们的收获太丰盛了，一个结，两个结……很快就数到手指一样多的结了。于是换第二根绳继续数下去。假定第二根绳上打了 3 个结后，野兽只剩下 6 只。那么，这天他们一共猎获了多少野兽呢？1 根绳又 3 个结又 6 只，用今天的话来说，就是

1 根绳＝10 个结，1 个结＝10 只。

所以 1 根绳 3 个结又 6 只＝136 只。

"逢十进一"的十进制就是这样得到的。现在世界上几乎所有的民族都采用了十进制，这恐怕跟人有 10 根手指密切相关。当然，过去有许多民族也曾用过别的进位制。

二进位制

在人类采用的记数法中，不仅有十进制，还有八进制，十二进制，十六进制等等。其中，最低的进位制是二进制。

在二进制中，只有 0 和 1 两个基本符号，0 仍代表"零"，1 仍代表"一"，但"二"却没有对应的符号，只得向左邻位进一，用两个基本符号来表示，即"满二就应进位"。这样，在二进制中，"二"应写作"10"，"三"应写作"11"，其他以此类推。

不同进位制的数是相互联系的，也是可以互相转化的。下面是十进制数和二进制数的关系对照表。

自然数	一	二	三	四	五	六	七	八	九	十	……
十进制	1	2	3	4	5	6	7	8	9	10	……
二进制	1	10	11	100	101	110	111	1000	1001	1010	……

看了这个表，便会明白，为什么"1＋1＝10"了。在二进制中，用0和1两个数码就能表示出所有的自然数。这就是二进制的优点。

正因为如此，被誉为"人类文明最辉煌的成就之一"的电子计算机，便采用了这二进制的数字线路。很显然，机器识别数字的能力低，10个数字要用10种表达方式实在复杂，而对付两个数字，就简单容易得多了。

那么，这作用非凡的二进制是谁最先发明的呢？西方数学史家认为，它是17世纪德国著名数学家莱布尼茨的首创。莱布尼茨是一位卓越的天才数学家，1671年，当他还只有25岁时，便发明了世界上第一台能进行加、减、乘、除运算的计算机；1684年，他又与牛顿几乎同时各自独立地完成了微积分的研究。应该承认，莱布尼茨是欧洲最早发现二进制的数学家，但就世界范围来看，二进制的发明权应归属于我国，这便是那神秘的八卦。

八卦，是我国古代的一套有象征意义的符号，古人用它来模拟天地万物的生成。其符号结构的素材只有两种，即阳爻"——"。和阴爻"— —"。

这两种素材互相搭配，以3个为一组，便产生出8种符号结构：☰、☷、☳、☶、☲、☵、☱、☴。这8种符号结构就叫做八卦。它们的具体名称是乾☰、坤☷、震☳、艮☶、离☲、坎☵、兑☱、巽☴。

我们可以看出，每个卦形都是上、中、下三部分，这三部分称为"三爻"。上面的叫"上爻"，中间的叫"中爻"，下面的叫"初爻"。如果我们用阳爻"——"表示数码"1"，用阴爻"— —"表示数码"0"，并且由下而上，把初爻看做是第一位上的数字，中爻看做是第二位上的数字，上爻看做是第三位上的数字，那么，我们便会发现，八卦的8个符号，恰好与二进制吻合。

知识点

进　制

进制就是进位制，是人们规定的一种进位方法。对于任何一种进制，如

X进制，就表示某一位置上的数运算时是逢X进一位。十进制、十六进制、六十进制、二进制等，十进制是逢十进一，十六进制是逢十六进一，六十进制就是逢六十进一，二进制就是逢二进一。

延伸阅读

电子计算机与二进制

电子计算机使用二进制是由它的实现机理决定的。可以这么理解：电子计算机的基本部件是由集成电路组成的，这些集成电路可以看成是由一个个门电路组成的。当计算机工作的时候，电路通电工作，于是每个输出端就有了电压。电压的高低通过模数转换即转换成了二进制：高电平是由1表示，低电平由0表示的。也就是说将模拟电路转换成为数字电路。

电子计算机能以极高速度进行信息处理和加工，包括数据处理和加工，而且有极大的信息存储能力。数据在计算机中以器件的物理状态表示，采用二进制数字系统，计算机处理所有的字符或符号也要用二进制编码来表示。

用二进制的优点是容易表示，运算规则简单，节省设备。人们知道，具有两种稳定状态的组件（如晶体管的导通和截止，继电器的接通和断开，电脉冲电平的高低等）容易找到，而要找到具有10种稳定状态的组件来对应十进制的10个数就困难了。

刘徽割圆术

德国数学史家康托说："历史上一个国家所算得的圆周率的准确程度，可以作为衡量这个国家当时数学发展水平的指标。"

超高精度π的计算直到今天仍然有重要意义。π的计算现在可以被人们用来测试或检验超级计算机的各项性能，特别是运算速度与计算过程的稳定性，这对计算机本身的改进至关重要。就在前些年，当英特尔公司要推出奔腾芯片时，正是通过运行 π 的计算发现它有一点儿小问题，才将这个问题解决的。现在计算 π 的程序，已经成为了测试计算机的一个标准的考机程序。

在刘徽之前的古代文字记载中，圆周率是"径一而周三"，也就是整 3 倍。从中国人的文化传统看，这个值很可能是匠人们在劳动中的经验总结。想象一下，许许多多的匠人砍下大树为房屋搭柱子，他们要比较长度、面积、体积这些最基本的几何关系。在无数次测量中，柱子横截面的周长和直径之比总是在 3 左右，有时多点有时少些。搭房子不需要计较差的那一点儿零头，于是业界就把这个值取为三，用起来也十分顺当。

刘徽敏锐地察觉到了这个"3"的谬误，批注在《九章》相应的题目下（方田术·三十二）。他的理由聪明又简洁：在圆内画一个内接正六边形，如果圆直径是 1 的话，这个六边形的周长就是 3。而六边形的周长显然比圆小，那么圆周和直径之比肯定大于 3 了。

更进一步地，从比较正六边形和圆的思路出发，刘徽找到了一个计算圆周长的方法——割圆术，即不断增加圆内接多边形的边数。

刘　徽

刘徽说："割之弥细，所失弥少。割之又割，以至于不可割，则与圆周合体而无所失矣。"边数越多，周长和圆周越接近；无限地割下去，就可以无限趋近于圆周。这样，算出多边形的周长作为圆周长的近似值，除以直径，就得到圆周率的近似值了。边数越多，就越精确。

这个思路并不复杂，落实起来却有个问题需要解决：怎么实现"割之弥细"这个过程呢？在地上画一个大大的圆，然后在圆里画一个很多很多边的正

多边形，然后计算多边形的周长。

　　96边形的周长有多少？直接算很多边的形状有点无从下手。刘徽迂回了一下，使用递推的办法，从边数少的形状开始往上增加。

　　如图，对于一个圆内接正多边形，把每条边对应的圆弧平分，就能得到一个边数是原来两倍的正多边形。如果我们从原来的边长 *AB* 能推出新多边形的边长 *AC*，问题就解决了。

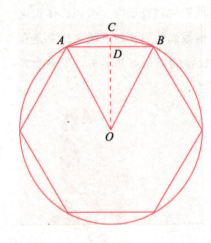

　　因为 *C* 是个平分点，整个图形是对称的，那么 *OC* 就垂直平分 *AB*，也就是说 *ADC* 是一个直角三角形。其中 *AD* 的长度是 *AB* 的一半，很好算；只要求出 *CD* 就能用勾股定理得到 *AC*。而 *CD* 又恰好在半径 *OC* 上，那么 *CD* 等于半径减去 *OD*。*OD* 是多少？哈，*ODA* 也是个直角三角形呀，而且 *OA* 就是半径，*AD* 又已知，*OD* 不就用勾股定理算出来了吗？跨过这道坎，通往圆周率的路上就只剩下计算了。

　　刘徽选择了正六边形作为递推的起点，因为它的边长很容易算，就等于半径的长度，在图中就是 *OA*＝*AB*。把半径设为1尺，他一直算到了96边形的周长。他由96边形求出来的圆周率是3.14。当刘徽把正多边形的边数倍增至3072时，又求得小数的近似值为3.1416，准确至四位小数。后世称这个数为"徽率"，是当时世界第一流水平的成就。

刘　徽

　　刘徽生于公元250年左右，三国后期魏国人，是我国古代杰出的数学家，也是中国古典数学理论的奠基者之一。他在世界数学史上，也占有杰出的地位。他的杰作《九章算术注》和《海岛算经》，是我国和世界最宝贵的数学遗产。

 **延伸阅读**

祖冲之与圆周率

祖冲之（429～500 年），南北朝时期人，字文远，我国杰出的数学、科学家。

祖冲之在数学上的杰出成就，是关于圆周率的计算。祖冲之在前人成就的基础上，经过刻苦钻研，反复演算，求出 π 在 3.1415926 与 3.1415927 之间，并得出了 π 分数形式的近似值，取 22/7 为约率，取 355/113 为密率，其中 355/113 取六位小数是 3.141592，它是分子分母在 16604 以内最接近 π 值的分数。祖冲之究竟用什么方法得出这一结果，现在无从考查。若设想他按刘徽的"割圆术"方法去求的话，就要计算到圆内接 12288 边形，可想而知，这需要花费多少时间和付出多么巨大的劳动！由此可见他在治学上的顽强毅力和聪敏才智是令人钦佩的。祖冲之计算得出的密率，外国数学家获得同样结果，已是1000 多年以后的事了。

隙积术和会圆术

在古代西方人还不知道石油是什么东西时，中国老百姓已经用这种黑色液体烧饭点灯了。这要归功于我国古代的一位读书人，是他经过反复研究，弄清了这种东西的性质和用途，动员老百姓推广使用。这位读书人还给它起了一个名字："石油"，这名字一直沿用到今天。这位读书人就是北宋时期的沈括。

沈括（1031～1095）北宋钱塘人，是我国历史上一位博学多才、成就卓著的学者，他也是11世纪世界一流的科学家。沈括自幼好学，对天文、地理、数学、物理、化学、生物、医药、水利、军事、文学、音乐很多方面的知识都感兴趣，并认真研究，加以改进，取得了许多的科学成就。

沈 括

沈括不仅精通天文学、数学、物理学、化学、生物学、地理学、农学和医学，此外，他还是卓越的工程师、出色的军事家、外交家和政治家，同时他博学善文，对方志律历、音乐、医药等无所不精。沈括青少年时随父沈周先后到过润州、泉州、开封、江宁等地，增长了不少书本外的知识，为他以后做学问奠定了良好的基础。西方人称他为"中国科学史上的坐标"。

沈括在数学方面也有精湛的研究。宋神宗元丰年间，沈括带兵反击西夏的侵扰时，详细地计算了人员、行程、日期、损耗等因素对粮食的需求关系，有效地解决了后勤问题，可见他对运筹学也是有一定造诣的。

他根据平时遇到的一些计算问题，从实际应用需要出发，创立了"隙积术"和"会圆术"。

有这样一个故事，酒店里把旧的坛子一层层地堆放得整整齐齐，成为一个梯形，最上层是4×8，第二层是5×9个，第三层是6×10个，依次类推，每下去一层，长宽两边的坛子就增1个，共有7层，一个青年人进来，向酒坛里望了望，酒店师傅问它有多少个，青年脱口而出567个，算法是中间一层7×11＝77，把这个数乘上7层数加上一个常数28，就得出了这个结果。

这个青年人就是沈括。他通过对酒店里堆起来的酒坛和垒起来的棋子等有空隙的堆积体的研究，提出了计算总数的一般方法，这就是"隙积术"，也就是二阶等差级数的求和方法。

隙积术给出累棋、层坛的体积以及积罂——长方台形垛积的求和公式。沈括说："算术求积尺之法，如刍萌、刍童、方池、冥谷、堑堵、鳖臑、圆锥、阳马之类，物形备矣。"

"隙积术"的计算方法和现代数学中鸡蛋的算法相似，即把同样的很多物品如鸡蛋等层层堆积，各层都是一个长方形，自下而上，逐层在长、宽方面各减少一个，求其总数。其计算方法，可用下列公式表示：

$$S=n/6\left[a(2b+B)+A(2B+b)+(B-b)\right]$$

其中 a 是上底宽，b 是上底长，A 是下底宽，B 是下底长，n 为层数，S 表总和。这一公式是从等差级数和自然数的平方级数推衍而来的。

沈括的研究，发展了自《九章算术》以来的等差级数问题，推动了我国宋代关于高阶等差级数的研究。后来杨辉在《详解九章算法》中对这个问题的深入研究和元代朱世杰所创的"垛积术"，都是在此基础上发展而得的。

另外沈括还从计算田亩出发，考察了圆弓形中弧、弦和矢之间的关系，提出了我国数学史上第一个由弦和矢的长度，求弧长的比较简单实用的近似公式，这就是"会圆术"。

"会圆术"是在《九章算术》的"方田"章所载的"弧田术"的基础上发展而成的，所谓"会圆术"就是已知圆直径和弓形的高（即矢），而求弓形底（即弦）和弓形弧的方法。用"弧田术"来计算所得的近似值，不很精密，但用"会圆术"来计算，虽然也只能得到近似值，但精确多了。

这一方法的创立，不仅促进了平面几何学的发展，而且在天文计算中也起了重要的作用，并为我国球面三角学的发展奠定了基础，也作出了重要的贡献。

沈括晚年居住在润州（今镇江）的梦溪园，专门从事著述，为后人留下了一部26卷的科学巨著《梦溪笔谈》，成为我国古代科学技术成果的资料库。像活字印刷、磁针装置四法、水法炼钢等重要成果，就是由这本书记录留传下来的。这部书在世界科技史上有重要意义。全书1/3以上的条目与科学技术有关。隙积术、会圆术便记载在该书卷十八的第四条。

平面几何

平面几何就是研究平面上的直线和二次曲线（椭圆、双曲线和抛物线）的几何结构和度量性质（面积、长度、角度）。平面几何采用了公理化方法，在数学思想史上具有重要的意义。

▶▶▶ **延伸阅读**

日本数学家对沈括的赞誉

对于在数学上作出很大成就的沈括，日本数学家三上义夫在《中国算学之特色》中，对他有这样的评价："日本的数学家没有一个比得上沈括，像中根元圭精于医学、音乐和历史，但没有沈括的经世之才；本多利明精于航海术，有经世之才，但不能像沈括的多才多艺……沈括这样的人物，在全世界数学史上找不到，只有中国出了这一个人。我把沈括称做中国数学家的模范人物或理想人物，是很恰当的。"

方程术

方程，在现代数学中是指含有未知数的等式，该词最早出现在《九章算术》中，意思指的是包含多个未知量的联立一次方程，即现在所说的线性方程组。刘徽在为《九章算术》作注释时，给这种"方程"下的定义是："程，课程也，群物总杂各列有数，总言其实，令每行为率。二物者再程，三物者三程，皆如物数程之，并列为行，故谓之方程。"

　　这里所谓的"课程"也不是我们今天所说的课程，而是按不同物品的数量关系列出的式子。"实"就是式中的常数项。"今每行为率"，就由一个条件列一行式子，横列代表一个未知量。"如物数程之"，就是有几个未知数就必须列出几个等式。因为各项未知量系数和常数项用等式表示时，几行并列成一方形，所以叫做"方程"，它就是现在代数中讲的联立一次方程组。

　　《九章算术》中还列出了解联立一次方程组的普遍方法——"方程术"。当时又叫它"直除法"，和现在代数学中能用的加减消元法是基本一致的，而这也是世界上最早的。

　　比如《九章算术》的第八章"方程"中的第一题：

　　"今有上禾三秉，中禾二秉，下禾一秉，实三十九斗；上禾二秉，中禾三秉，下禾一秉，实三十四斗；上禾一秉，中禾二秉，下禾三秉，实二十六斗，问上、中、下禾实一秉各几何。"

　　这里的"禾"是指庄稼，"秉"是捆，"实"为粮食，用现在的话来说就是：现在这里有上等黍 3 捆、中等黍 2 捆、下等黍 1 捆，打出的黍共有 39 斗；另有上等黍 2 捆、中等黍 3 捆、下等黍 1 捆，打出的黍共 34 斗；还有上等黍 1 捆、中等黍 2 捆、下等黍 3 捆，打出的黍共 26 斗。请你回答，上、中、下等庄稼每捆各收粮食多少斗？

　　早在 2000 年前，还没有使用现在的数学符号，那时解这个问题是用算筹进行演算的。具体是用算筹摆成很复杂的方阵。用现代符号来表示就是：

$$3x+2y+z=39$$
$$2x+3y+z=34$$
$$x+2y+3z=26$$

　　其中 x，y，z 分别指上、中、下等庄稼每捆收的粮食斗数。

　　但是，在《九章算术》里并没有列出像上面的方程来，而是列出了一个线性方程组，用阿拉伯数字表示便是：

1	2	3
2	3	2
3	1	1

26　　34　　39

不仅如此，《九章算术》所采取的解方程算法与现代解一次方程组的算法程序十分相似。《九章算术》采用直除法即以一行首项系数乘另一行再对减消元。刘徽以齐同原理证明了直除法的正确性，并提出"举率以相减，不害余数之课"作为其理论基础。刘徽还创造互乘相消法和方程新术。后者是通过消元求出诸物的率，用衰分术或今有术求解。

由具体问题列方程要应用损益术。《九章算术》说："损之曰益，益之曰损。"这是说：在等式的一端减，相当于在另一端加；在一端加，相当于在另一端减。损益的对象既有常数项，也有未知数，还有合并同类项。

再看这样一题："今有五家共井，甲 2 绠（绠是汲水桶上的绳索）不足如乙 1 绠，乙 3 绠不足如丙 1 绠，丙 4 绠不足如甲 1 绠，丁 5 绠不足如戊 1 绠，戊 6 绠不足如甲 1 绠。如各得所不足 1 绠，皆逮（达到的意思）。问井深绠长各几何？"

翻译成白话是："有 5 个家庭共同用一口井，他们用甲、乙、丙、丁、戊 5 根长短不一样的绳子汲水，甲绳两根连接起来还不够井深，短缺数刚好是乙绳的长；乙绳 3 根连接还不够井深，短缺数刚好是丙绳的长；丙绳 4 根连接还不够井深，短缺数刚好是丁绳的长；丁绳 5 根连接不够井深，短缺数是戊绳的长；戊绳 6 根连接不够井深，短缺是甲绳的长。问井深、绳长各多少？"

设 x, y, z, u, v, w 分别为甲、乙、丙、丁、戊绠长及井深，6 个未知数，依题意只可列出 5 行方程：

$$2x+y=w$$
$$3y+z=w$$
$$4z+u=w$$
$$5u+v=w$$
$$6v+x=w$$

借助于正负术消元，得到

$$721x=265w$$
$$721y=191w$$

$$721z=148w$$

$$721u=129w$$

$$721v=76w$$

《九章算术》遂以 265，191，148，129，76，721 分别为甲、乙、丙、丁、戊绠长及井深。刘徽认为《九章算术》的答案是"举率以言之"。这是在中国数学史上第一次明确提出不定方程问题。

知识点

直 除 法

直除法是指在比较或者计算较复杂分数时，通过"直接相除"的方式得到商的首位（首一位或首两位），从而得出正确答案的速算方式。直除法在资料分析的速算当中有非常广泛的用途，并且由于其"方式简单"而具有"极易操作"性。

延伸阅读

方程的由来

16 世纪，随着各种数学符号的相继出现，特别是法国数学家韦达创立了较系统的表示未知量和已知量的符号以后，"含有未知数的等式"这一专门概念出现了，当时拉丁语称它为"aequatio"，英文为"equation"。17 世纪前后，欧洲代数首次传进中国，当时译"equation"为"相等式"。19 世纪中叶，近代西方数学再次传入我国。1859 年，数学家李善兰和英国传教士伟烈亚力将英国数学家德·摩尔根的《代数初步》译出。两人很注重数学名词的正确翻译，他们借用或创设了近 400 个数学的汉译名词，许多至今一直沿用，其中，

"equation"的译名就是借用了我国古代的"方程"一词。

直角坐标系和解析几何

17世纪之后，西方近代数学开始了一个在本质上全新的阶段。正如恩格斯所指出的，在这个阶段里"最重要的数学方法基本上被确立了，主要由笛卡儿确立了解析几何，由耐普尔确立了对数，由莱布尼茨，也许还有牛顿确立了微积分"，而"数学中的转折点是笛卡儿的变量。有了它，运动进入了数学，因而，辩证法进入了数学，因而微分和积分的运算也就立刻成为必要的了"。

恩格斯在这里不仅指出了17世纪数学的主要内容，而且充分阐明了这些内容的重要意义。解析几何学的创立，开始了用代数方法解决几何问题的新时代。从古希腊时起，在西方数学发展过程中，几何学似乎一直就是至高无上的。一些代数问题，也都要用几何方法解决。解析几何的产生，改变了这种传统，在数学思想上可以看做是一次飞跃，代数方程和曲线、曲面联系起来了。

数学家笛卡儿

笛卡儿1596年3月31日生于法国土伦省莱耳市的一个贵族之家，笛卡儿的父亲是布列塔尼地方议会的议员，同时也是地方法院的法官。笛卡儿1岁时母亲去世，给他留下了一笔遗产，为日后他从事自己喜爱的工作提供了可靠的经济保障。

笛卡儿在豪华的生活中无忧无虑地度过了童年。他幼年体弱多病，对周围的事物充满了好奇，父亲见他颇有哲学家的气质，亲昵地称他为"小哲学家"。父亲希望笛卡儿将来能够成为一名神学家，于是在笛卡儿8岁时，便将他送入拉夫雷士的耶稣会学校，接受古典教育。校方为照顾他的孱弱的身体，特许他早晨不必到学校上课，可以在床上读书。因此，他从小养成了喜欢安静，善于思考的习惯。

他在该校学习8年，接受了传统的文化教育，读了古典文学、历史、神学、哲学、法学、医学、数学及其他自然科学。但他对所学的东西颇感失望，因为在他看来教科书中那些微妙的论证，其实不过是模棱两可甚至前后矛盾的理论，只能使他顿生怀疑而无从得到确凿的知识，唯一给他安慰的是数学。在结束学业时他暗下决心：不再死钻书本学问，而要向"世界这本大书"讨教。于是他决定避开战争，远离社交活动频繁的都市，寻找一处适于研究的环境。

笛卡儿1612年到普瓦捷大学攻读法学，4年后获博士学位。1616年笛卡儿结束学业后，便背离家庭的职业传统，开始探索人生之路。他投笔从戎，想借机游历欧洲，开阔眼界。

长期的军旅生活使笛卡儿感到疲惫，他于1621年回国，时值法国内乱，于是他去荷兰、瑞士、意大利等地旅行。1625年返回巴黎。1628年，他从巴黎移居荷兰，笛卡儿对哲学、数学、天文学、物理学、化学和生理学等领域进行了深入的研究，并通过数学家梅森神父与欧洲主要学者保持密切联系。他的主要著作几乎都是在荷兰完成的。

1637年，笛卡儿出版了他的著作《方法论》，这书有3个附录，其中之一名为《几何学》，解析几何的思想就包含在这个附录里。

笛卡儿在《方法论》中论述了正确的思想方法的重要性，表示要创造为实践服务的哲学。笛卡儿在分析了欧几里得几何学和代数学各自的缺点之后，表示要寻求一种包含这两门科学的优点而没有它们的缺点的方法。这种方法就是几何与代数的结合——解析几何。

对于创立这门学科的目的，笛卡儿这样说："决心放弃那仅仅是抽象的几何。这就是说，不再去考虑那些仅仅是用来练习思想的问题。我这样做，是为了研究另一种几何，即目的在于解释自然现象的几何。"

　　有一天，笛卡儿生病卧床，但他头脑一直没有休息，在反复思考一个问题：几何图形是直观的，而代数方程则比较抽象，能不能用几何图形来表示方程呢？这里，关键是如何把组成几何的图形的点和满足方程的每一组"数"挂上钩。

　　笛卡儿拼命琢磨，通过什么样的办法、才能把"点"和"数"联系起来呢？突然，他看见屋顶角上的一只蜘蛛，拉着丝垂了下来，一会儿，蜘蛛又顺着丝爬上去，在上边左右拉丝。

　　蜘蛛的"表演"，使笛卡儿思路豁然开朗。他想，可以把蜘蛛看做一个点，它在屋子里可以上、下、左、右运动，能不能把蜘蛛的每个位置用一组数确定下来呢？

　　他又想，屋子里相邻的两面墙与地面交出了 3 条线，如果把地面上的墙角作为起点，把交出来的 3 条线作为 3 根数轴，那么空间中任意一点的位置，不是都可以用这 3 根数轴上找到的有顺序的 3 个数来表示吗？反过来，任意给一组 3 个有顺序的数，例如 3、2、1，也可以用空间中的一个点 P 来表示它们。同样，用一组数 (a, b) 可以表示平面上的一个点，平面上的一个点也可以用一组两个有顺序的数来表示。

　　于是在蜘蛛的启示下，笛卡儿创建了直角坐标系。

　　直角坐标系的创建，在代数和几何上架起了一座桥梁。它使几何概念得以用代数的方法来描述，几何图形可以通过代数形式来表达，这样便可将先进的代数方法应用于几何学的研究。

　　笛卡儿在创建直角坐标系的基础上，创造了用代数方法来研究几何图形的数学分支——解析几何。

　　笛卡儿的设想是：只要把几何图形看成是动点的运动轨迹，就可以把几何图形看成是由具有某种共同特性的点组成的。比如，我们把圆看成是一个动点对定点 O 做等距离运动的轨迹，也就可以把圆看做是由无数到定点 O 的距离相等的点组成的。我们把点看做是组成图形的基本元素，把数看成是组成方程的基本元素，只要把点和数挂上钩，也就可以把几何和代数挂上钩。

　　把图形看成点的运动轨迹，这个想法很重要！它从指导思想上，改变了传统的几何方法。笛卡儿根据自己的这个想法，在《几何学》中，最早为运动着的点建立坐标，开创了几何和代数挂钩的解析几何。在解析几何中，动点的坐标就成了变数，这是数学第一次引进变数。

　　关于解析几何学的产生对数学发展的重要意义，这里可以引用法国著名数学家拉格朗日的一段话："只要代数同几何分道扬镳，它们的进展就缓慢，它们的应用就狭窄。但当这两门科学结合成伴侣时，它们就互相吸取新鲜的活力，从而以快速的步伐走向完善。"

知识点

数　轴

　　数轴是指规定了原点、正方向和单位长度的直线，所以原点、单位长度、正方向是数轴的三要素，三者缺一不可。所有的实数都可以用数轴上的点来表示，也可以用数轴来比较两个实数的大小。数轴上从左往右的点表示的数就是按从小到大的顺序。

延伸阅读

笛卡儿的转变

　　笛卡儿在军队服役期间，一次，他在街上散步，偶然在路旁公告栏上，看到用佛莱芒语提出的数学问题征答。这引起了他的兴趣，并且让身旁的人，将他不懂的佛莱芒语翻译成拉丁语。这位身旁的人就是大他8岁的艾萨克·贝克曼。贝克曼在数学和物理学方面有很高造诣，很快成为了他的心灵导师。

4个月后，他写信给贝克曼："你是将我从冷漠中唤醒的人……"，并且告诉他，自己在数学上有了重大发现。

　　据说，笛卡儿曾在一个晚上做了3个奇特的梦。第一个梦是，笛卡儿被风暴吹到一个风力吹不到的地方；第二个梦是，他得到了打开自然宝库的钥匙；第三个梦是，他开辟了通向真正知识的道路。这3个奇特的梦增强了他创立新学说的信心。这一天是笛卡儿思想上的一个转折点，也有些学者把这一天定为解析几何的诞生日。

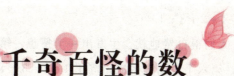

千奇百怪的数

　　人类在生活和生产的基础上，首先认识了自然数，然而随着生活、生产实践的进一步扩大，自然数显然已经不能满足需要，这迫使人们去根据实际需要去发明、去创造适合需要的数，无理数、虚数、复数、形数、完全数、亲和数、破碎数等等数就这样被发明创造出来。人们在对这些数的进一步研究中，发现有些数有着很独特的性质，也很有趣。

有形的数

　　毕达哥拉斯很有数学天赋，他不仅知道把数划分为奇数、偶数、质数、合数，还把自然数分成了亲和数、亏数、完全数等等。他分类的方法很奇特。其中，最有趣的是"形数"。

　　什么是形数呢？毕达哥拉斯研究数的概念时，喜欢把数描绘成沙滩上的小石子，小石子能够摆成不同的几何图形，于是就产生一系列的形数。

　　毕达哥拉斯发现，当小石子的数目是1、3、6、10等数时，小石子都能摆成正三角形，他把这些数叫做三角形数；当小石子的数目是1、4、9、16等数时，小石子都能摆成正方形，他把这些数叫做正方形数；当小石子的数目是1、5、12、22等数时，小石子都能摆成正五边形，他把这些数叫做五边形数……

这样一来，抽象的自然数就有了生动的形象，寻找它们之间的规律也就容易多了。不难看出，头 4 个三角形数都是一些连续自然数的和。3 是第二个三角形数，它等于 1+2；6 是第三个三角形数，它等于 1+2+3；10 是第四个三角形数，它等于 1+2+3+4。

看到这里，人们很自然地就会生发出一个猜想：第五个三角形数应该等于 1+2+3+4+5，第六个三角形数应该等于 1+2+3+4+5+6，第七个三角形数应该等于……

这个猜想对不对呢？

由于自然数有了"形状"，验证这个猜想费不了什么事。只要拿 15 个或者 21 个小石子出来摆一下，很快就会发现：它们都能摆成正三角形，都是三角形数，而且正好就是第五个和第六个三角形数。

就这样，毕达哥拉斯借助生动的几何直观图形，很快发现了自然数的一个规律：连续自然数的和都是三角形数。如果用字母 n 表示最后一个加数，那么 1+2+…+n 的和也是一个三角形数，而且正好就是第 n 个三角形数。

毕达哥拉斯还发现，第 n 个正方形数等于 n^2，第 n 个五边形数等于 $n(3n-1)/2$……根据这些规律，人们就可以写出很多很多的形数。

不过，毕达哥拉斯并不因此而满足。譬如三角形数，需要一个数一个数地相加，才能算出一个新的三角形数，毕达哥拉斯认为这太麻烦了，于是着手去寻找一种简捷的计算方法。经过深入探索自然数的内在规律，他又发现，$1+2+…+n=\frac{1}{2}\times n\times(n+1)$。

这是一个重要的数学公式，有了它，计算连续自然数的和可就方便多了。例如，要计算一堆垒成三角形的电线杆数目，用不着一一去数，只要知道它有多少层就行了。如果它有 7 层，只要用 7 代替公式中的 n，就能算出这堆电线杆的数目。

就这样，毕达哥拉斯还发现了许多有趣的数学定理。而且，这些定理都能以纯几何的方法来证明。

知识点

亏　数

亏数也叫缺数，是指在数论中，若一个正整数除了本身之外所有因子之和比此数自身小的数。例如 15 的真因子有 1，3，5，而 $1+3+5=9$，$9<15$，所以 15 可称为亏数。所有质数均为亏数，奇亏数和偶亏数都有无穷多个。

▶▶ 延伸阅读

特殊的三角形数

（1）55、5050、500500、50005000……都是三角形数。

（2）第 11 个三角形数（66）、第 1111 个三角形数（617716）、第 111111 个三角形数（6172882716）、第 11111111 个三角形数（61728399382716）都是回文式的三角形数，但第 111 个、第 11111 个和第 1111111 个三角形数不是。

（3）三角形数还有一个规律，就是：如果将所有边形的数都整整齐齐地由左到右画在表格里，你就会发现，每一列的数间隔都一样，而且均为前一列的三角形数，例如：

三角形数	1	3	6	10	15	21	28	36
正方形数	1	4	9	16	25	36	49	64
五边形数	1	5	12	22	35	51	70	92
六边形数	1	6	15	28	45	66	91	120

完善的数

　　自然数 6 是个非常"完善"的数，与它的因数之间有一种奇妙的联系。6 的因数共有 4 个：1、2、3、6，除了 6 自身这个因数以外，其他的 3 个都是它的真因数。数学家们发现：把 6 的所有真因数都加起来，正好等于自然数 6 本身！

　　数学上，具有这种性质的自然数叫做完全数。例如，28 也是一个完全数，它的真因数有 1、2、4、7、14，而 $1+2+4+7+14$ 正好等于 28。

　　在自然数里，完全数非常稀少，用沧海一粟来形容也不算太夸张。有人统计过，在 10000 到 40000000 这么大的范围里，已被发现的完全数也不过寥寥 5 个；另外，直到 1952 年，在 2000 多年的时间，已被发现的完全数总共才有 12 个。

　　并不是数学家不重视完全数，实际上，在非常遥远的古代，他们就开始探索寻找完全数的方法了。公元前 3 世纪，古希腊著名数学家欧几里得甚至发现了一个计算完全数的公式：如果 2^n-1 是一个质数，那么，由公式 $N=2^{n-1}\times(2^n-1)$ 算出的数一定是一个完全数。例如，当 $n=2$ 时，$2^2-1=3$ 是一个质数，于是 $N_2=2^{2-1}\times(2^2-1)=2\times3=6$ 是一个完全数；当 $n=3$ 时，$N_3=28$ 是一个完全数；当 $n=5$ 时，$N_5=496$ 也是一个完全数。

　　18 世纪时，大数学家欧拉又从理论上证明：每一个偶完全数必定是由这种公式算出的。

　　尽管如此，寻找完全数的工作仍然非常艰巨。不难想象，用笔算出这个完全数该是多么困难。

　　直到 20 世纪中叶，随着电子计算机的问世，寻找完全数的工作才取得了较大的进展。1952 年，数学家凭借计算机的高速运算，一下子发现了 5 个完全数，它们分别对应于欧几里得公式中 $n=521$、607、1279、2203 和 2281 时的答案。以后数学家们又陆续发现：当 $n=3217$、4253、4423、9689、9941、11213 和 19937 时，由欧几里得公式算出的答案也是完全数。

　　到 1985 年，人们在无穷无尽的自然数里，总共找出了 30 个完全数。

在欧几里得公式里，只要 2^n-1 是质数，$2^{n-1}(2^n-1)$ 就一定是完全数。所以，寻找新的完全数与寻找新的质数密切相关。

1979 年，当人们知道 $2^{44497}-1$ 是一个新的质数时，随之也就知道了 $2^{44496} \times (2^{44497}-1)$ 是一个新的完全数；1985 年，人们知道 $2^{216091}-1$ 是一个更大的质数时，也就知道了 $2^{216090} \times (2^{216091}-1)$ 是一个更大的完全数。它是迄今所知最大的一个完全数。

这是一个非常大的数，大到很难在书中将它原原本本地写出来。有趣的是，虽然很少有人知道这个数的最后一个数字是多少，却知道它一定是一个偶数，因为，由欧几里得公式算出的完全数都是偶数！

那么，奇数中有没有完全数呢？

曾经有人验证过位数少于 36 位的所有自然数，始终也没有发现奇完全数的踪迹。不过，在比这还大的自然数里，奇完全数是否存在，可就谁也说不准了。说起来，这还是一个尚未解决的著名数学难题。

知识点

真因数

一个数的因数只有 1 和它本身，这个数叫质数。一个数除 1 和它本身外，还有其他的因数，这个数叫合数。真因数通常是对合数来说的。不包括 1 和这个数本身的约数就是真因数。如 6＝2×3，所以 6 的真因数是 2 和 3。

 延伸阅读

6 是最完美的数字

公元前 6 世纪的毕达哥拉斯是最早研究完全数的人，他已经知道 6 和 28 是完全数。毕达哥拉斯曾说："6 象征着完满的婚姻以及健康和美丽，因为它

的部分是完整的，并且其和等于自身。"古罗马基督教哲学家圣·奥古斯丁说："6 这个数本身就是完全的，并不因为上帝造物用了 6 天；事实恰恰相反，因为这个数是一个完全数，所以上帝在 6 天之内把一切事物都造好了。"

对称的数

　　文学作品有"回文诗"，如"山连海来海连山"，不论你顺读，还是倒过来读，它都完全一样。有趣的是，数学王国中，也有类似于"回文"的对称数！

　　先看下面的算式：

$$11 \times 11 = 121$$
$$111 \times 111 = 12321$$
$$1111 \times 1111 = 1234321$$
$$\cdots\cdots$$

　　由此推论下去，12345678987654321 这个十七位数，是由哪两数相乘得到的，也便不言而喻了！

　　瞧，这些数的排列多么像一列士兵，由低到高，再由高到低，整齐有序。还有一些数，如：9461649，虽高低交错，却也左右对称。假如以中间的一个数为对称轴，数字的排列方式，简直就是个对称图形了！因此，这类数被称做"对称数"。

　　对称数排列有序，整齐美观，形象动人。

　　那么，怎样能够得到对称数呢？

　　经研究，除了上述 11、111、1111…自乘的积是对称数外，把某些自然数与它的逆序数相加，得出的和再与和的逆序数相加，连续进行下去，也可得到对称数。

　　如：475

$$
\begin{array}{r}
475 \\
+574 \\
\hline
1049
\end{array}
\qquad
\begin{array}{r}
1049 \\
+9401 \\
\hline
10450
\end{array}
\qquad
\begin{array}{r}
10450 \\
+05401 \\
\hline
15851
\end{array}
$$

15851 便是对称数。

再如：7234

7234	11561	28072
+4327	+16511	+27082
11561	28072	55154
55154	100309	1003310
+45155	+903001	+0133001
100309	1003310	1136311

对称数也出现了：1136311。

逆序数

在一个排列中，如果一对数的前后位置与大小顺序相反，即前面的数大于后面的数，那么它们就称为一个逆序。一个排列中逆序的总数就称为这个排列的逆序数。逆序数为偶数的排列称为偶排列；逆序数为奇数的排列称为奇排列。如 2431 中，21，43，41，31 是逆序，逆序数是 4，为偶排列。

延伸阅读

对称数其他一些独特性质

（1）任意一个数位是偶数的对称数，都能被 11 整除。如：

$$77 \div 11 = 7 \qquad 1001 \div 11 = 91$$

$$5445 \div 11 = 495 \qquad 310013 \div 11 = 28183$$

（2）两个由相同数字组成的对称数，它们的差必定是 81 的倍数。如：

$$9779 - 7997 = 1782 = 81 \times 22$$

$$43234 - 34243 = 8991 = 81 \times 111$$

$$63136 - 36163 = 26973 = 81 \times 333$$

友爱的数

　　人和人之间讲友情，有趣的是，数与数之间也有相类似的关系，数学家把一对存在特殊关系的数称为"亲和数"。

　　遥远的古代，人们发现某些自然数之间有特殊的关系：如果两个数 a 和 b，a 的所有真因数之和等于 b，b 的所有真因数之和等于 a，则称 a，b 是一对亲和数。

　　毕达哥拉斯首先发现 220 与 284 就是一对亲和数，在以后的 1500 年间，世界上有很多数学家致力于探寻亲和数，面对茫茫数海，无疑是大海捞针，虽经一代又一代人的穷思苦想，有些人甚至为此耗尽毕生心血，却始终没有收获。

　　公元 9 世纪，伊拉克哲学、医学、天文学和物理学家泰比特·依本库拉曾提出过一个求亲和数的法则，因为他的公式比较繁杂，难以实际操作，再加上难以辨别真假，所以没有被业界认可。

　　16 世纪，有人认为自然数里就仅有这一对亲和数。还有一些人给亲和数抹上迷信色彩或者增添神秘感，编出了许许多多神话故事。还宣传这对亲和数在魔术、法术、占星术和占卦上都有重要作用等等。

　　距离第一对亲和数诞生 2500 多年以后，历史的车轮转到 17 世纪，1636 年，法国"业余数学家之王"费马找到第二对亲和数 17296 和 18416，重新点燃了寻找亲和数的火炬，在黑暗中找到光明。

　　两年之后，"解析几何之父"——法国数学家笛卡儿于 1638 年 3 月 31 日也宣布找到了第三对亲和数 9437506 和 9363584。

　　费马和笛卡儿在两年的时间里，打破了 2000 多年的沉寂，激起了数学界重新寻找亲和数的波涛。

　　在 17 世纪以后的岁月里，许多数学家投身到寻找新的亲和数的行列，他们企图用灵感与枯燥的计算发现新大陆。可是，无情的事实使他们醒悟到，已经陷入了一座数学迷宫，不可能出现法国人的辉煌了。

正当数学家们真的感到绝望的时候，平地又起了一声惊雷。1747 年，年仅 39 岁的瑞士数学家欧拉竟向全世界宣布：他找到了 30 对亲和数，后来又扩展到 60 对，不仅列出了亲和数的数表，而且还公布了全部运算过程。

欧拉采用了新的方法，将亲和数划分为 5 种类型加以讨论。欧拉超人的数学思维，解开了令人止步 2500 多年的难题，使数学家拍案叫绝。

时间又过了 120 年，到了 1867 年，意大利有一个爱动脑筋，勤于计算的 16 岁中学生白格黑尼，竟然发现数学大师欧拉的疏漏——让眼皮下的一对较小的亲和数 1184 和 1210 溜掉了。这戏剧性的发现使数学家如痴如醉。

在以后的半个世纪的时间里，人们在前人的基础上，不断更新方法，陆陆续续又找到了许多对亲和数。到了 1923 年，数学家麦达其和叶维勒汇总前人研究成果与自己的研究所得，发表了 1095 对亲和数，其中最大的数有 25 位。同年，另一个荷兰数学家里勒找到了一对有 152 位数的亲和数。

在找到的这些亲和数中，人们发现，亲和数被发现的个数越来越少，数位越来越大。同时，数学家还发现，若一对亲和数的数值越大，则这两个数之比越接近于 1，这是亲和数所具有的规律吗？

电子计算机诞生以后，结束了笔算寻找亲和数的历史。有人在计算机上对所有 100 万以下的数逐一进行了检验，总共找到了 42 对亲和数，发现 10 万以下数中仅有 13 对亲和数。

人们还发现每一对奇亲和数中都有 3，5，7 作为素因数。1968 年波尔·布拉得利和约翰·迈凯提出：所有奇亲和数都是能够被 3 整除的。

1988 年巴蒂亚托和博霍利用电子计算机找到了不能被 3 整除的奇亲和数，从而推翻了布拉得利的猜想。他找到了 15 对都不能被 3 整除的奇亲和数，它们都是 36 位大数。作为一个未解决的问题，巴蒂亚托等希望有人能找到最小的数。

另一个问题是是否存在一对奇亲和数中有一个数不能被 3 整除。

还有一个欧拉提出的问题，是否存在一对亲和数，其中有一个是奇数，另一个是偶数？因为现在发现的所有奇偶亲和数要么都是偶数，要么都是奇数。

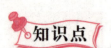

素因数

素因数也叫质因数。如果一个数的约数是素数（只能被 1 和它本身整除的自然数），那么这个约数就叫做该数的一个素因数。如 2 和 3 就是 18 和 30 的两个素因数。每个合数都可以写成几个素数相乘的形式，其中每个素数都是这个合数的素因数。

延伸阅读

亲和数的来源传说

据说，毕达哥拉斯的一个门徒向他提出这样一个问题："我结交朋友时，存在着数的作用吗？"

毕达哥拉斯毫不犹豫地回答："朋友是你的灵魂的倩影，要像 220 和 284 一样亲密。"

又说"什么叫朋友？就像这两个数，一个是你，另一个是我。"

后来，毕氏学派宣传说：人之间讲友谊，数之间也有"相亲相爱"。

从此，把 220 和 284 叫做"亲和数"或者叫"朋友数"或叫"相亲数"。这就是关于"亲和数"这个名称来源的传说。

破碎的数

在拉丁文里，分数一词源于 frangere，是"打破、断裂"的意思，因此分数也曾被人叫做是"破碎数"。

在数的历史上，分数几乎与自然数同样古老，在各个民族最古老的文献里，都能找到有关分数的记载。然而，分数在数学中传播并获得自己的地位，却用了几千年的时间。

在欧洲，这些"破碎数"曾经令人谈虎色变，视为畏途。7世纪时，有个数学家算出了一道8个分数相加的习题，竟被认为是干了一件了不起的大事情。在很长的一段时间里，欧洲数学家在编写算术课本时，不得不把分数的运算法则单独叙述，因为许多学生遇到分数后，就会心灰意懒，不愿意继续学习数学了。直到17世纪，欧洲的许多学校还不得不派最好的教师去讲授分数知识。

TANSUO SHUXUE DAGUANYUAN

一些古希腊数学家干脆不承认分数，把分数叫做"整数的比"。

古埃及人更奇特。他们表示分数时，一般是在自然数上面加一个小圆点。在5上面加一个小圆点，表示这个数是1/5；在7上面加一个小圆点，表示这个数是1/7。那么，要表示分数2/7怎么办呢？古埃及人把1/4和1/28摆在一起，说这就是2/7。

1/4和1/28怎么能够表示2/7呢？原来，古埃及人只使用单分子分数。也就是说，他们只使用分子为1的那些分数，遇到其他的分数，都得拆成单分子分数的和。1/4和1/28都是单分子分数，它们的和正好是2/7，于是就用来表示2/7。那时还没有加号，相加的意思要由上下文显示出来，看上去就像把1/4和1/28摆在一起表示了分数2/7。

由于有了这种奇特的规定，古埃及的分数运算显得特别烦琐。例如，要计算5/7与5/21的和，首先得把这两个分数都拆成单分子分数：

$$\frac{5}{7}+\frac{5}{21}=\left(\frac{1}{2}+\frac{1}{7}+\frac{1}{14}\right)+\left(\frac{1}{7}+\frac{1}{14}+\frac{1}{42}\right)$$

然后再把分母相同的分数加起来：

$$\frac{1}{2}+\frac{2}{7}+\frac{2}{14}+\frac{1}{42}$$

由于算式中出现了一般分数，接下来又得把它们拆成单分子分数：

$$\frac{1}{2}+\frac{1}{4}+\frac{1}{7}+\frac{1}{28}+\frac{1}{42}$$

这样一道简单的分数加法题，古埃及人算起来都这么费事，如果遇上复杂的分数运算，可以想象他们算起来又该是何等的吃力。

在西方，分数理论的发展出奇地缓慢，直到 16 世纪，西方的数学家们才对分数有了比较系统的认识。

而这些知识，我国数学家在 2000 多年前就都已知道了。

我国现在尚能见到最早的一部数学著作，刻在汉朝初期的一批竹简上，名为《算数书》。它是 1984 年初在湖北江陵出土的。在这本书里，已经对分数运算做了深入的研究。

稍晚些时候，在我国古代数学名著《九章算术》里，已经在世界上首次系统地研究了分数。书中将分数的加法叫做"合分"，减法叫做"减分"，乘法叫做"乘分"，除法叫做"经分"，并结合大量例题，详细介绍了它们的运算法则，以及分数的通分、约分、化带分数为假分数的方法步骤。尤其令人自豪的是，我国古代数学家发明的这些方法步骤，已与现代的方法步骤大体相同了。

公元 263 年，我国数学家刘徽注释《九章算术》时，又补充了一条法则：分数除法就是将除数的分子、分母颠倒与被除数相乘。而欧洲直到 1489 年，才由维特曼提出相似的法则，已比刘徽晚了 1200 多年！

苏联数学史专家鲍尔加尔斯基公正地评价说："从这个简短的论述中可以得出结论：在人类文化发展的初期，中国的数学远远领先于世界其他各国。"

《九章算术》

《九章算术》是我国算经十书中最重要的一种。最晚成书于公元 1 世纪。它系统地总结了我国先秦到东汉初年的数学成就。关于《九章算术》的来源，应该追溯到《算数书》。这本书的作者不详，从它的内容来看，已经把问题按算法进行了分类。小标题有"分乘"、"增减分"、"相乘"、"合分"等

60 多个，其中一些算法术语，都被《九章算术》所采用。《九章算术》又吸收了其他算书的特点，经多人之手，到公元 1 世纪已经定型。

这本书之所以起名《九章算术》，是因为它把全书 24 个问题，按照不同算法的类型分为九章，所以称为《九章算术》。

 延伸阅读

我国古代分数的记数法

中国古代的分数记数法，分别有两种，其中一种是汉字记法，与现在的汉字记数法一样：「…分之…」；而另一种是筹算记法：

$$\begin{array}{ll} 4 & 商 \quad \bot \quad ||||\ \ 64 \\ 3 & 实 \quad \equiv \quad |||\ \ 38 \\ 33 & 法 \quad |||\quad \bot \quad |||\ \ 48 \end{array}$$

用筹算来计算除法时，当中的「商」在上，「实」（即被除数）列在中间，而「法」（即除数）在下，完成整个除法时，中间的实可能会有余数，如图所示，即表示分数 $64\frac{38}{483}$。在公元 3 世纪，中国人就用了这种记法来表示分数了。

古印度人的分数记法与我国的筹算记法是很相似的，例如 $\frac{1}{3}=\frac{1}{3}$，$\frac{1}{\frac{1}{3}}=1\frac{1}{3}$。

"马拉松"数——π

圆的周长同直径的比值，一般用 π 来表示，人们称之为圆周率。在数学史上，许多数学家都力图找出它的精确值。约从公元前 2 世纪，一直到今天，人

们发现它仍然是一个无限不循环的小数。因此，人们称它为科学史上的"马拉松"。

关于 π 的值，最早见于中国古书《周髀算经》的"周三径一"的记载。

东汉张衡取 π＝3.1466。第一个用正确方法计算 π 值的，要算我国魏晋之际的杰出数学家刘徽，他创立了割圆术，用圆内接正多边形的边数无限增加时，其面积接近于圆面积的方法，一直算到正 192 边形，算得 π＝3.14124，又继续求得圆内接正 3072 边形时，得出更精确的 π＝3.1416。

割圆术为圆周率的研究，奠定了坚实可靠的理论基础，在数学史上占有十分重要的地位。

随后，我国古代数学家祖冲之又发展了刘徽的方法，一直算到圆内接正 24576 边形，3.1415926＜π＜3.1415927，使中国对 π 值的计算领先了 1000 年。

东汉科学家张衡

17 世纪以前，各国对圆周率的研究工作仍限于利用圆内接和外切正多边形来进行。1427 年伊朗数学家阿尔·卡西把 π 值精确计算到 16 位小数，打破了祖冲之千年的记录。1596 年荷兰数学家鲁多夫计算到 35 位小数，当他去世以后，人们把他算出的 π 数值刻在他的墓碑上，永远纪念着他的贡献（而这块墓碑也标志着研究 π 的一个历史阶段的结束，欲求 π 的更精确的值，需另辟途径）。

17 世纪以后，随着微积分的出现，人们便利用级数来求 π 值，1873 年算至 707 位小数，1948 年算至 808 位，创分析方法计算圆周率的最高记录。

1973 年，法国数学家纪劳德和波叶，采用 7600CDC 型电子计算机，将 π 值算到 100 万位，此后不久，美国的科诺思又将 π 值推进到 150 万位。1990

年美国数学家采用新的计算方法，算得 π 值到 4.8 亿位。1999 年日本东京大学教授金田康正已求到 π 的 20615843 亿位的小数值。如果将这些数字打印在 A4 大小的复印纸上，令每页印 2 万位数字，那么，这些纸摞起来将高达五六百米。

早在 1761 年，德国数学家兰伯特已证明了 π 是一个无理数。将 π 计算到这种程度，没有太多的实用价值，但对其计算方法的研究，却有一定的理论意义，对其他方面的数学研究有很大的启发和推动作用。

《周髀算经》

《周髀算经》是《算经十书》之一，约成书于公元 1 世纪，原名《周髀》，是一部我国流传至今最早的数学著作，也是一部天文学著作。《周髀算经》在数学上的主要成就是介绍了勾股定理及其在测量上的应用以及怎样应用到天文计算中。

寻找圆周率的并行算法公式

面对 π 的繁难计算，有人想能否计算时不从头开始，而是从中间开始呢？这一根本性的想法就是寻找并行算法公式。1996 年，圆周率的并行算法公式终于被找到，但这是一个 16 进位的公式，这样虽然很容易得出的 1000 亿位的数值，只不过是 16 进位的。是否有 10 进位的并行计算公式，至今还没有被找到。到目前为止，人类对 π 值的计算，不管采用什么方式，不管用什么公式都必须从头算起，一旦前面的某一位出错，那么后面的数值也就完全失去意义，这在历史上有过惨痛的教训。

优美的音乐数

弹三弦或拉二胡总是要手指在琴弦上有规律地上下移动，才能发出美妙的乐音来。假如手指胡乱地移动，便弹不成曲调了。

那么，手指在琴弦上移动对发声有什么作用呢？

原来声音是否悦耳动听，与琴弦的长短有关。长度不同，发出的声音也不同。手指的上下移动，不断地改变琴弦的长度，发出的声音便高低起伏，抑扬顿挫。

如果是三根弦同时发音，只有当它们的长度比是 3∶4∶6 时，发出的声音才最和谐、最优美。后来，人们便把奇妙的数 3、4、6 叫做"音乐数"。

所以，古时候人们把音乐也作为数学课程的一部分进行教学。

音乐数 3、4、6，是古希腊的大数学家毕达哥拉斯发现的。相传，毕达哥拉斯一次路过一家铁匠铺，一阵阵铿铿锵锵的打铁声吸引了他。那声音高高低低，富有节奏。他不禁止步不前，细心观察，原来那声音的高低变化是随着铁锤的大小和敲击的轻重而变化的。受此启发，回家后他进行了很多次试验，寻找使琴弦发声协调动听的办法。最后终于发现：乐器三弦发音的协调、和谐与否，与三弦的长度有关，而长度比为 3∶4∶6 时最佳。从此，人们便把 3、4、6 称做音乐数。

还有，过去，西方总认为我国七声音阶的形成晚于希腊，中国的七声音阶是"舶来品"，因为中国古代音乐主要用五声音阶（"宫、商、角、徵、羽"，即只有"1、2、3、5、6"五音，而无"4、7"这两个偏音）。其实，在《周语》中就记录了十二音的专名：黄钟、大吕、太簇、夹钟、姑洗、仲吕、蕤宾、林钟……且这些音可用"三分损益法"求出各音，这比希腊的毕达哥拉斯的同样的理论早 100 多年。这说明我国七声音阶发明很早。曾侯乙钟则以实物证明了我国古代音乐理论的发展水平极高，也证明了我国古代的乐律与西方乐律是互相独立发展起来的。

　　既是独立发展起来，那为什么不像独立发展起来的语言文字那样差异极大，而是那样接近，以致2400年前的中国乐器可以毫无困难地演奏现代西洋音乐呢？这与乐音的数理特性有关。

　　声音由振动产生，振动频率（每秒钟振动的次数）决定音的高低。相差8度的两音（例如钢琴上的"C_1"与"C_2"或唱的"1"与"i"），后者音频是前者的2倍，而波长则是前者的1/2。这样的两音最相似，最和谐，这在古今中外，盖莫能外。

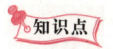

TANSUO SHUXUE DAGUANYUAN

音　阶

　　音阶就是以全音、半音以及其他音程（两个乐音之间的音高关系）顺次排列的一串音。音阶分为"大音阶"和"小音阶"，即"大调式"和"小调式"。大音阶由7个音组成，其中第3、4音之间和第7、8音之间是半音程，其他音之间是全音程。小音阶第2、3音之间和5、6音之间为半音程。

延伸阅读

黄金分割应用于作曲

　　不仅是乐谱的书写离不开数学，就连作曲也和数学息息相关，黄金分割应用于作曲便是数学对音乐的影响的另一个显著领域。

　　20世纪，某些音乐流派开始打破以往的规范形式，而采用新的自由形式。匈牙利的巴托克（1881～1945）就曾探索将黄金分割法用于作曲中。在一些乐曲的创作技法上，将高潮或者是音程、节奏的转折点安排在全曲的黄金分割点

处。例如要创作 89 节的乐曲，其高潮便在 55 节处，如果是德国音乐家舒曼 5 节的乐曲，高潮便在 3～4 节处。

德国音乐家舒曼的《梦幻曲》曲式由 A、B 和 A′三段构成。每段又由等长的两个 4 小节乐句构成。全曲共分 6 句，24 小节。理论计算黄金分割点应在第 14 小节（$24 \times 0.618 \approx 14.83$），与全曲高潮正好吻合。有些乐曲从整体至每一个局部都合乎黄金比例，本曲的 6 个乐句在各自的第二小节进行负相分割（前短后长）；本曲的 3 个部分 A、B、A′在各自的第二乐句第二小节正相分割（前长后短），这样形成了乐曲从整体到每一个局部多层复合分割的生动局面，使乐曲的内容与形式更加完美。

可以遗传的数

我们知道，人的相貌可以遗传。有时一看就知道某人是谁的孩子，因为他长得和他的父母很像。

做平方运算时，数字也可以遗传。例如：

$5^2 = 25$，

$25^2 = 625$。

在以上两个等式中：

5 和它的平方 25，最后一位数字一模一样（一位遗传）；

25 和它的平方 625，最后两位数字一模一样（两位遗传）。

有没有位数更多的遗传现象呢？下面一串等式提供了三位、四位、五位和六位遗传现象的例子。

$625^2 = 390625$，

$0625^2 = 390625$，

$90625^2 = 8212890625$，

$890625^2 = 793212890625$。

严格说来，0625 不能算是四位数，只能看成四位密码锁上的一个号码。

但是它的平方确实把这四位号码完全保留在平方数的尾部。况且，把 0625 也算在里面，还有一个好处，就是保持了演变的连续性：上面这些等式左边的数，按照位数从少到多，顺次是 5，25，625，0625，90625，890625。

这是一个在平方运算下具有数字遗传特性的家族。从这一列数中的每个数要得到它后面相邻的数，只需在原数前面加上一个适当的数字；反过来，要得到这列数中某个数前面相邻的数，只需划去原数最前面一位的数字。只要记下这列数中有一个数是 890625，把它的数字从前往后顺次一个一个地划掉，就得到前面几个数了。

下面是另外一组有遗传特性的数：

$6^2 = 36$，

$76^2 = 5776$，

$376^2 = 141376$，

$9376^2 = 87909376$，

$09376^2 = 87909376$，

$109376^2 = 11963109376$。

上面这些等式左边的数，按照位数从少到多，顺次是 6，76，376，9376，09376，109376。

这是另一个在平方运算下具有数字遗传特性的家族。和刚才的情形类似，从这列数中的每个数要得到它后面相邻的数，只需在原数前面加上一个适当的数字；而要得到其中某数前面相邻的数，只需划去原数最前面一位的数字。

以上两组奇妙的数，不但性质类似，而且互相之间有一种奇妙的联系：

$5 + 6 = 11$，

$25 + 76 = 101$，

$625 + 376 = 1001$，

$0625 + 9376 = 10001$，

$90625 + 09376 = 100001$，

$890625 + 109376 = 1000001$。

在一些资料中，把这种在平方运算下具有数字遗传特性的数，叫做自

守数。

知识点

自 守 数

　　如果某个数的平方的末尾几位数等于这个数，那么就称这个数为自守数。自守数的特性就是以它为后几位的两个数相乘，乘积的后几位仍是这个自守数。虽然0和1的平方的个位数仍然是0和1，但是它们无法扩充到2位，研究它们没有意义，所以不算自守数。

 延伸阅读

如何求自守数

　　要找一位的自守数，只要找到这样的一位数 X，它使 X^2-X 能被10整除就可以了。很明显，这样的 X 只有4个：0、1、5、6。

　　求2位的自守数，只要找到2位数 X，它能使 X^2-X 被 10^2 整除就行了。这样的 X 只有两个，就是25和76。

　　这样的 X 怎么找呢？一个一个试吗？3位数有900个，4位数有9000个，一个一个算很麻烦，简单的办法就是由小到大、一步一步去找。

　　想一想，要是 abcd 是4位的自守数，bcd 不就是3位的自守数吗？因为3位自守数只有625和376这两个，要找4位自守数，只要在 a625 和 a376 这种数里找。即使一个一个试，至多试20次就能把所有的4位自守数找出来。再试20次，所有的5位自守数也有了。更简单的办法是把625这个3位的自守数自乘，得390625，取末4位0625，这就是末尾为5的4位自守数。任何两个末尾是0625的数相乘，乘积的末尾还是0625。

把 0625 自乘，末尾 5 位是 90625，这是唯一以 5 结尾的 5 位自守数。90625 自乘，末尾 6 位是 890625，这样又得到了末尾是 5 的 6 位自守数。

自守数的位数是不是没有尽头呢？对，自守数的位数不受限制，没有尽头。加拿大有两位数学工作者曾利用电子计算机算出了 500 位的自守数。

圣经数和魔术数

圣经数

153 被称做"圣经数"。

这个美妙的名称出自圣经《新约全书》约翰福音第 21 章。其中写道：耶稣对他们说："把刚才打的鱼拿几条来。"西门·彼得就去把网拉到岸上。那网网满了大鱼，共 153 条；鱼虽这样多，网却没有破。

奇妙的是，153 具有一些有趣的性质。153 是 1～17 连续自然数的和，即：

$$1+2+3+\cdots+17=153$$

任写一个 3 的倍数的数，把各位数字的立方相加，得出和，再把和的各位数字立方后相加，如此反复进行，最后则必然出现圣经数。

例如：24 是 3 的倍数，按照上述规则，进行变换的过程是：

$$24 \rightarrow 2^3+4^3 \rightarrow 72 \rightarrow 7^3+2^3 \rightarrow 351 \rightarrow 3^3+5^3+1^3 \rightarrow 153$$

圣经数出现了！

再如：123 是 3 的倍数，变换过程是：

$$123 \rightarrow 1^3+2^3+3^3 \rightarrow 36 \rightarrow 3^3+6^3 \rightarrow 243 \rightarrow 2^3+4^3+3^3 \rightarrow 99 \rightarrow 9^3+9^3 \rightarrow 1458 \rightarrow$$
$$1^3+4^3+5^3+8^3 \rightarrow 702 \rightarrow 7^3+2^3 \rightarrow 351 \rightarrow 3^3+5^3+1^3 \rightarrow 153$$

圣经数这一奇妙的性质是以色列人科恩发现的。英国学者奥皮亚奈对此作了证明。《美国数学月刊》对有关问题还进行了深入的探讨。

魔术数

有一些数字，只要把它接写在任一个自然数的末尾，那么，原数就如同着了魔似的，它连同接写的数所组成的新数，就必定能够被这个接写的数整除。因而，把接写上去的数称为"魔术数"。

我们已经知道，一位数中的1，2，5，是魔术数。1是魔术数是一目了然的，因为任何数除以1仍得任何数。

用2试试：

12、22、32、…、112、172、…、7132、9012…这些数，都能被2整除，因为它们都被2粘上了！

用5试试：

15、25、35、…、115、135、…、3015、7175…同样，任何一个数，只要末尾粘上了5，它就必须能被5整除。

有趣的是：一位的魔术数1，2，5，恰是10的约数中所有的一位数。

两位的魔术数有10、20、25、50，恰是100（10^2）的约数中所有的两位数。

三位的魔术数，恰是1000（10^3）的约数中所有的三位数，即：100、125、200、250、500。

四位的魔术数，恰是10000（10^4）的约数中所有的四位数，即1000、1250、2000、2500、5000。

那么n位魔术数应是哪些呢？由上面各题可推知，应是10^n的约数中所有的n位约数。四位、五位直至n位魔术数，它们都只有五个。

知识点

约　数

整数a除以整数b（b不能为零）除得的商正好是整数而没有余数，我们就说a能被b整除，a叫b的倍数，而b就叫做a的约数（或因数）。约数和倍数相互依存，不能单独说某个数是约数或倍数，而且一个数的约数是有限的。

延伸阅读

153 还是一个自我生成数

153 是一个自我生成数。什么是自我生成数呢？一个整数，将它各位上的数字，按照一定规则经过数次转换后，最后落在一个不变的数上，这个数就称做"自我生成数"，或者叫"自恋数"。

自我生成数的获得有一定的转换规则。

任写一个数字不相同的三位数，将组成这个数的 3 个数字重新组合，使它成为由这 3 个数组成的最大数和最小数，而后求出这新组成的两个数的差，再对求得的差重复上述过程，最后的自我生成数是 495。例如，任写一个数字 213，其转换过程是这样的：321－123＝198；981－189＝792；972－279＝693；963－369＝594；954－459＝495。

四位数也按上述操作规则，结果便有四位数的自我生成数 6174。四位数 7642 的转换过程是：7642－2467＝5175；7551－1557＝5994；9954－4599＝5355；5553－3555＝1998；9981－1899＝8082；8820－0288＝8532；8532－2358＝6174；7641－1467＝6174。

生活中的趣味数字

不可思议的"七"

在人们的日常生活中，频频遇到"七"，但没有人注意，"七"是个有趣的数字。

柴米油盐酱醋茶囊括了人们的生活必需品，喜怒哀乐悲恐惊表达了人们的七情。佛教中的"七级浮屠"，变化莫测的"七巧板"，音乐中的"七音阶"，人体中的"七窍"，地球上的"七大洲"，每周的"七天"，颜色中的"赤橙黄绿青蓝紫"，天文中的二十八宿的东西南北四方的"七宿"。

我国古代文学作品的"七"更多。西汉枚乘的《七发》诗，之后桓麟的《七说》、桓彬的《七设》、傅毅的《七激》、刘广的《七兴》、崔姻的《七依》、崔琦的《七蠲》、张衡的《七辨》、马融的《七广》、刘梁的《七举》、王粲的《七驿》、徐干的《七喻》、刘勰的《七略》。传说中的"七仙女"、"七夕相会"、"七擒孟获"等数不胜数。

为什么都喜欢用"七"呢？美国心理学家米勒教授认为，每个人一次记忆的最大限度是七，超过这个限度，记忆效率开始下降。因此，米勒把"七"称为"不可思议的数字"。

人身上的"尺子"

你知道吗？我们每个人身上都携带着几把"尺子"。

假如你"一拃"的长度为 8 厘米，量一下你课桌的长为 7 拃，则可知课桌长为 56 厘米。

如果你每步长 65 厘米，你上学时，数一数你走了多少步，就能算出从你家到学校有多远。

身高也是一把尺子，如果你的身高是 150 厘米，那么你抱住一棵大树，两手正好合拢，这棵树的一周的长度大约是 150 厘米。因为每个人两臂平伸，两手指尖之间的长度和身高大约是一样的。

要是你想量树的高，影子也可以帮助你的，你只要量一量树的影子和自己的影子长度就可以了。因为树的高度＝树影长×身高÷人影长。

你若去游玩，要想知道前面的山距你有多远，可以请声音帮你量一量．声音每秒能走 340 米，那么你对着山喊一声，再看几秒可听到回声，用 340 乘听到回声的时间，再除以 2 就能算出来了。

电话号码中的数字

电话号码是一种代码，它是由数字组成的。每一部电话机都要有一个代号，不能和别的电话一样，这样打电话才不会打错。不同的国家和地区，电话号码的位数也不尽相同，这其中还有一些学问在里边。

如果有一位数字做代号，从 0 到 9 只能有 10 个不同的号码，再多就会重复。要是用两位数字做代号，把两位数颠来倒去地排，比如 12、21、13、31……这样只可以安装 90 部电话。要是用三位数字，就可以排出 720 个代号，那就能安装 720 部电话。要是用六位数字就可以排出 15 万多个代号。在大的城市或地区，需要安装很多很多电话，现在连六位数都不够用，已经有七位、八位数字的电话号码。而且，在很多单位里，一个电话号码的总机下面又带有很多分机。

其实，随着数字位数的升高，可以排出的电码增加是利用了数学中的排列组合原理。

篮球队没有 1、2、3 号

熟悉篮球运动的人都知道，在篮球队里，是没有 1、2、3 号这 3 个号码的队员的。这是为什么呢？

原来，篮球队里没有 1、2、3 号队员的原因主要是与比赛中裁判员的手势有关。在球类比赛中，罚球的情况比较多，篮球比赛也不例外。在篮球赛中，一次最多要罚三次球。当需要罚一次球时，裁判员要举起右手并伸出一根手指；罚两次球时伸出两根手指；罚三次球时伸出三根手指。但是，当一方球队的队员在比赛中犯规时，裁判员也要伸手指来表示犯规队员的号码。所以，为了避免引起误会，篮球队员的号码便从 4 号开始了。

在我们人类的一切活动中，包括体育运动，用手指示数是一种最简单明了的方法。但有时这种表示方法所表达的含义是很有限的。所以，当容易产生误会时，只好更换表达方式或是舍去不用，就像篮球队里舍去 1、2、3 这 3 个号码一样。

最早的计时单位

我们最早的计时单位无疑是日，甚至最原始的人也不得不意识到它。

原始的人类是用月相周期来计时的。一个月相周期为"太阳月"。太阳月大约等于 29.5 日。季节的循环称为"年"，12 个太阳月组成一个"太阳年"，一个太阳年大约 354.37 日。这就是所谓的"太阳历"。当今唯一应用严格太阳历的人们是伊斯兰教徒。

但是，经天文学家的研究表明，太阳年与太阳历季节的循环不相匹配。巴比伦的天文学家在有史时期之初就已知道：太阳沿黄道带运转一圈大约要 365 日，因此，太阳历季节循环或"太阳历"要短大约 11 日。3 个太阳年就落在太阳历季节循环后面整整 1 个月还多一点儿。

我们现在的历法是从埃及继承过来的，采用了长度固定的 365 日为一年的"太阳年"。太阳年还保持了 12 个月的传统。365 日的年恰为 52 个星期零 1 日。这就是说，如果这一年的 2 月 6 日是星期日，则在次年是星期一，再过一年是星期二，余类推。

如果只有 365 日的年，则任一给定的日子都将按部就班地经历一星期的每一天。然而，当一年有 366 日时，那么，这一年的长就是 52 个星期零 2 日；如果这一年 2 月 6 日是星期二，则下一年是星期四，跳过了星期三。由于这个原因，366 日的年称为闰年，2 月 29 日称为闰日。

钱币中的数字

古今中外的钱币多种多样，与钱币有关的数学更是丰富多彩，趣味无穷。以现在我国通行的人民币为例，一起来看看隐藏在钱币里的数字知识。

我们所看到的硬币的面值有 1 分、2 分、5 分、1 角、5 角和 1 元；纸币的面值有 1 分、2 分、5 分、1 角、2 角、5 角、1 元、2 元、5 元、10 元、20 元、50 元和 100 元，一共 19 种。但这些面值中没有 3、4、6、7、8、9，这又是为什么呢？事实上，我们只要来看一看 1、2、5 如何组成 3、4、6、7、8、9，就可以知道原因了。

$3=1+2=1+1+1$

$4=1+1+2=2+2=1+1+1+1$

$6=1+5=1+1+2+2=1+1+1+1+2=1+1+1+1+1+1=2+2+2$

$7 = 1+1+5 = 2+5 = 2+2+2+1 = 1+1+1+2+2 = 1+1+1+1+1+2$
$= 1+1+1+1+1+1+1$

$8 = 1+2+5 = 1+1+1+5 = 1+1+2+2+2 = 1+1+1+1+2+2$
$= 1+1+1+1+1+1+2 = 1+1+1+1+1+1+1+1 = 2+2+2+2$

$9 = 2+2+5 = 1+1+2+5 = 1+1+1+1+5 = 1+1+1+1+1+2$
$= 1+1+1+2+2+2 = 1+1+1+1+1+2+2 = 1+2+2+2+2$

从以上这些算式中就可知道，用1、2和5这几个数就能以多种方式组成1～9的所有数。这样，我们就可以明白一个道理，人民币作为大家经常使用的流通货币，自然就希望品种尽可能少，但又不影响使用，所以，根本没有必要再出3、4、6、7、8、9面值的人民币。

运动场上的数字

足球运动员开球或发球时，对方球员必须离足球9.15米以上。为了表示这个范围，人们就在足球场中央画个"中圈"，每场比赛都从这里开球。罚球时，也是这样。以罚球点为圆心，向外画罚球弧，半径也是9.15米。这9.15米有什么根据么？

原来足球运动起源于英国，英国人用的长度单位是"码"。当初规定开球、罚球时，对方运动员必须离足球10码以外。而1码等0.9144米，约合0.915米。10码换算成公制，长度就是9.15米。

业余拳击比赛，优胜者不论得到多少分，都以20分计算，而失败者的得分则需代入下列公式计算：

失败者得分＝20－（优胜者实际得分÷3）

例如，优胜者实际得18分，失败者的得分就是

$20-(18÷3)=20-6=14（分）$

如果胜利者的得分不是3的倍数，计算时先要把它的得分适当进行增减，使它成为3的倍数，然后再代入公式计算。比如，胜利者得16分，则先将16变为15，再代入公式，即得

$20-[(16-1)÷3]=20-15÷3=20-5=15（分）$

即失败者得 15 分。

美国布鲁克林学院物理学家布兰卡对篮球运动员投篮的命中率进行了研究。他发现篮球脱手时离地面越高，命中率就越大。这说明，身材高对于篮球运动员来讲，是一个有利的条件，这也说明为什么篮球运动员喜欢跳起来投篮。

根据数学计算，抛出一个物体，在抛掷速度不变的条件下，以 45° 角抛出所达到的距离最远。可是，这只是纯数学的计算，只适用于真空的条件下。而且，抛点与落点要在同一个水平面上。而实际上，我们投掷物体时并不是在真空里，要受到空气阻力、浮力、风向以及器械本身形状、重量等因素的影响。另外，投掷时由于出手点和落地点不在同一水平面上，而形成一个地斜角（即投点、落点的连线与地面所成的夹角）。出手点越高，地斜角就越大。这时，出手角度小于 45°，则向前的水平分力增大，这对增加物体飞行距离有利。下面是几种体育器械投掷最大距离的出手角度：

铅球 38°～42°；

铁饼 30°～35°；

标枪 28°～33°；

链球、手榴弹 42°～44°。

知识点

月 相

月相是天文学术语，是天文学中对于地球上看到的月球被太阳照明部分的称呼。随着月亮每天在星空中自西向东移动一大段距离，它的形状也在不断地变化着，也就是月相在不断变化。月相有上弦月、满月、下弦月之分。

延伸阅读

生命循环之妙

近年来，科学家们用统计的方法研究人体的规律，表明：

上午 9～10 时是人体体能高潮，精力集中，记忆力强的时期；

12～14 时是体能低潮时期；

15 时又出现高峰；

17～19 时血压较高，情绪容易急躁；

20～23 时体能又出现高峰；

23 时后进入低潮；

早晨 4 时体能处于最低潮，但听力敏锐；

7～8 时激素分泌达到高峰。

人的体能在一年中有两次高峰，一般在 4～6 月和 8～10 月。据统计，世界体育运动纪录的 90% 是在这两个时期中创造的。在人的一生中，体能和智能将出现两次周期性的高潮。第一次是 35～45 岁，第二次为 55～60 岁。诺贝尔奖金的获得者，绝大多数是在第一个高潮时期作出卓越的成绩的。

通过研究，科学家们发现美国小麦丰收周期为 9 年，中国大兴安岭松子丰收周期为 6 年，地球干旱周期为 22 年。

进一步研究这些周期变化，发现这些周期变化和数学有密切的关系。例如，血液依靠血管在人体内循环，内至全身五脏六腑，外达皮肉筋骨。而从主动脉开始，血管不断分成两个同样粗细的分支。血管越分越细，是不是有什么规律？答案是肯定的。根据有关科学研究，血液在这种分支导管系统中流动，能量的消耗最小。

文学中的趣味数字

数字入诗

> 一窝二窝三四窝，五窝六窝七八窝，
>
> 食尽皇家千钟粟，凤凰何少尔何多？

这是宋代政治家、文学家、思想家王安石写的一首《麻雀》诗。他眼看北宋王朝很多官员，饱食终日，贪污腐败，反对变法，故把他们比做麻雀而讽刺之。

"一去二三里，烟村四五家，亭台六七座，八九十枝花。"

这是宋朝理学家邵康写的一首诗。诗人在 20 个字的诗中，巧妙地运用了一至十这 10 个数词，给我们描绘了一幅朴实自然的风俗画。

> 归来一只复一只，
>
> 三四五六七八只。
>
> 凤凰何少鸟何多，
>
> 啄尽人间千万食。

这是宋朝文学家苏东坡给他的一幅画作《百鸟归巢图》题的一首诗。

这首诗既然是题"百鸟图"，全诗却不见"百"字的踪影，开始诗人好像是在漫不经心地数数，一只，两只，数到第八只，再也不耐烦了，便笔锋一转，借题发挥，发出了一番感慨，在当时的官场之中，廉洁奉公的"凤凰"为什么这样少，而贪污腐化的"害鸟"为什么这样多？他们巧取豪夺，把百姓的千担万担粮食据为己有，使得民不聊生。

你也许会问，画中到底是 100 只鸟还是 8 只鸟呢？不要急，请把诗中出现的数字写成一行：

1　1　3　4　5　6　7　8

然后，你动动脑筋，在这些数字之间加上适当的运算符号，就会有

$1+1+3×4+5×6+7×8=100$。

100 出来了！原来诗人巧妙地把 100 分成了 2 个 1，3 个 4，5 个 6，7 个 8 之和，含而不露地落实了《百鸟图》的"百"字。

> 一片二片三四片，五片六片七八片。
>
> 九片十片无数片，飞入梅中都不见。

这是明代林和靖写的一首雪梅诗，全诗用表示雪花片数的数量词写成。读后就好像身临雪境，飞下的雪片由少到多，飞入梅林，就难分是雪花还是梅花。

> 一篙一橹一渔舟，一个渔翁一钓钩，
>
> 一俯一仰一场笑，一人独占一江秋。

这是清代大学士纪晓岚的十"一"诗。据说乾隆皇帝南巡时，一天在江上看见一条渔船荡桨而来，就叫纪晓岚以渔船为题做诗一首，要求在诗中用上 10 个"一"字。纪晓岚很快吟出一首，写了景物，也写了情态，自然贴切，富有韵味，难怪乾隆连说："真是奇才！"

> 一进二三堂，床铺四五张，
>
> 烟灯六七盏，八九十支枪。

清末年间，鸦片盛行，官署上下，几乎无人不吸，大小衙门，几乎变成烟馆。有人写了这首启蒙诗以讽刺。

西汉时，尚未成名的司马相如告别妻子卓文君，离开成都去长安求取功名，时隔五年，不写家书，心有休妻之念。后来，他写了一封难为卓文君的信，送往成都。卓文君接到信后，拆开一看，只见写着"一二三四五六七八九十百千万万千百十九八七六五四三二一"。她立即回写了一首如诉如泣的抒情诗：

一别之后，二地相悬，只说是三四月，又谁知五六年，七弦琴无心抚弹，八行书无信可传，九连环从中折断，十里长亭我眼望穿，百思想，千系念，万般无奈叫丫环。万语千言把郎怨，百无聊赖，十依栏杆，九九重阳看孤雁，八月中秋月圆人不圆，七月半烧香点烛祭祖问苍天，六月伏天人人摇扇我心寒，五月石榴如火偏遇阵阵冷雨浇花端，四月枇杷未黄我梳妆懒，三月桃花又被风

吹散！郎呀郎，巴不得二一世你为女来我为男。

司马相如读后深受感动，亲自回四川把卓文君接到长安。从此，他一心做学问，终于成为一代文豪。

唐诗代表了我国诗作的最高成就，唐诗中的数字运用大有讲究，不仅使描写的景物丝丝入扣，而且在丰富作品的艺术形象和感染力方面发挥着极其重要的作用。

齐己做的《早梅》诗，其中有两句："前村深雪里，昨夜一枝开。"原"一"为"数"，将"数"改为"一"，这一字之改，实属精彩之笔，把个梅花不畏严寒，"万木冻欲折，孤根暖独回"的秉性，益发见于言外。杜牧的《江南春》有"千里莺啼绿映红"句。这"千里"两字颇得游刃骚雅之妙，并不一定是耳可闻，目可见之处，而是一种超越空间的想象，写出诗外之画，诗外之音。

唐诗中运用的数字，有的完全是写实，按照事物对象的实际，写出其确切的数量概念，尽得一个"真"字。杜甫的《恨别》诗中有"洛城一别四千里，胡骑长驱五六年"一句。这里写实的数字，真实地写出了事物的本义，富有史实的内涵。而有的诗中，数字却是夸张的，李白的"白发三千丈"、"飞流直下三千尺，疑是银河落九天"，其中的数字都不是实际的长度、高度，而是极言其长、其高，烘托出特定的环境和气氛。又如岑参的《白雪歌送武判官归京》诗："忽如一夜春风来，千树万树梨花开"。诗人用"千"、"万"，写仿佛春风吹来，雪白的梨花竞相开放，衬托出一种雪后壮丽的景象。总之，本来颇为单调、乏味的"数字"，一经诗人的艺术加工，倾注感情，就变得有血有肉，给人以丰富的想象和不尽的韵味。

数字入联

南阳诸葛武侯的祠堂里有一副对联：

取二川，排八阵，六出七擒，五丈原明灯四十九盏，一心只为酬三顾。

平西蜀，定南蛮，东和北拒，中军帐变卦土木金爻，水面偏能用火攻。

此副对联不仅概述了诸葛亮的丰功伟绩，而且用上了"一二三四五六七八九十"各个数字和"东南西北中金木水火土"10个字，真是意义深远，结构奇巧。

（上联）花甲重开，外加三七岁月；

（下联）古稀双庆，内多一个春秋。

这副对联是由清代乾隆皇帝出的上联，暗指一位老人的年龄，要大学士纪晓岚对下联，联中也隐含这个数。

上联的算式：$2\times60+3\times7=141$，下联的算式：$2\times70+1=141$。

明代书画家徐文长，一天邀请几位朋友荡游西湖。结果一位朋友迟到，徐文长作一上联，罚他对出下联。

徐文长出的上联是：

一叶孤舟，坐了二三个游客，启用四桨五帆，经过六滩七湾，历尽八颠九簸，可叹十分来迟。

迟到友人对的下联是：

十年寒窗，进了九八家书院，抛却七情六欲，苦读五经四书，考了三番两次，今日一定要中。

有"吴中第一名胜"之称的江苏省苏州虎丘，有一个三笑亭，亭中有一副对联：

桥横虎溪，三教三源流，三人三笑语；

莲开僧舍，一花一世界，一叶一如来。

新中国成立前，有人作如下一副对联：

上联是：二三四五，下联是：六七八九，横批是：南北。

这副对联和横批，非常含蓄，含意深刻。上联缺"一"，一与衣谐音；下联缺"十"，十与食谐音。对联的意思是"缺衣少食"，横批的意思是"缺少东西"，也是内涵极其丰富的两则谜语。

我国小说家、诗人郁达夫，某年秋天到杭州，约了一位同学游九溪十八涧，在一茶庄要了一壶茶，四碟糕点，两碗藕粉，边吃边谈。

结账时，庄主说："一茶、四碟、二粉、五千文"。郁达夫笑着对庄主说，你在对"三竺、六桥、九溪、十八涧"的对子吗？

数学家华罗庚1953年随中国科学院出国考察，团长为钱三强，团员有大

气物理学家赵九章教授等十余人，途中闲暇，为增添旅行乐趣，华罗庚便出上联"三强韩赵魏"求对。片刻，人皆摇头，无以对出，他只好自对下联"九章勾股弦"。此联全用"双联"修辞格。"三强"一指钱三强，二指战国时韩赵魏三大强国；"九章"，既指赵九章，又指我国古代数学名著《九章算术》。该书首次记载了我国数学家发现的勾股定理。全联数字相对，平仄相应，古今相连，总分结合。

花甲、古稀

花甲即一甲子，出自我国古代历法，由天干、地支组合，每一干支代表一年，60年为一循环，一循环为一甲子。因干支名号错综参互，故称花甲子，后称年满60为花甲。

古稀是我国古代借指70高龄的说法，此说法源于唐代大诗人杜甫《曲江二首》诗："人生七十古来稀"。

谜语中的数字

有个古谜深得数字之妙："一声不响，二目无光，三餐不食，四肢无力，五官不正，六亲不认，七窍不通，八面威风，九（久）坐不动，十分无用。"谜底是"泥塑像"。谜语中巧妙运用数字，把泥塑像刻画得惟妙惟肖。

一则谜语，谜面是：一口能吞二泉三江四海五湖水，孤胆敢进十方百姓千家万户门。要求打一物。谜底是热水瓶。

一件物品，有一个口，不管五湖四海三江二泉，哪里的水都能喝；有一个胆，四面八方千家万户老百姓的门都敢进。显然是热水瓶。热水瓶有一个瓶胆，一个瓶口，家家用，户户有。

还有一则谜语，谜面是：左边加一是一千，右边减一是一千。要求打一字。谜底是"任"。

可以用还原的方法来猜这个字。从"千"字精简掉"一"字，剩下一撇一直，是一个单人旁，组成这个字的左边；在"千"字的下边增加"一"字，变成"壬"字，组成这个字的右边。所以要猜的字是"任"。

生物中的有趣数字

世界上有各种生命约 125 万种，其中 2/3 是动物。其余为植物和微生物。

细胞一般很小，如果将其首尾相联，约 100 万个才有 1 毫米长，而原子如果排出 1 毫米则需 400 万个。

一只蜜蜂每天最多只能酿出 0.15 克的蜜，而这需要吮吸 5000 朵花蕊中的花粉。酿造 1 千克蜜约需 3300 多万朵花蕊。蜜蜂酿蜜自然是为自己贮备食物，一蜂箱的蜜蜂每年消耗的蜜就达 250 千克。

世界上最大的动物不是鲸，而是水母，最大的水母有半个足球场大，不过只有 5％ 是组织材料，其余都是水。

世界上最重的动物蓝鲸体长可达 35 米，足以吞下一头大牛，但在水中的速度并不快，每小时只能前进 24 千米，其尾部摆动产生的推力达到 500 马力以上。一片 16.7 米宽的叶子（如果有的话）产生的淀粉足以供一个人的一年所需，而且要有 5.3 米宽的叶子，一个人就可保证得到足够的氧气。人的头发寿命只有几年，在我们的头上只有 85％ 的头发是活的，其余是停止生长的，或者说是死的。

每年夏天，成群结队的蜻蜓从英国飞越多佛尔海峡，到法国去"旅行"一番，行程有上百千米，还有一种暗绿色的，身长只有 3～4 厘米的海蜻蜓，每年 8 月从赤道附近飞到日本。这个距离至少有 3000 千米，多的有 4000 千米，这是已知的昆虫飞行距离最远的记录。

跳蚤的最高跳跃高度。1904 年，美国人进行了一次试验。他们让跳蚤自由跳跃，发现一只跳蚤跳得最远的为 33 厘米，跳得最高的跳了 19.69 厘米。这个高度相当于它身体高度的 130 倍，如果一个身高 1.70 米的人，能像跳蚤那样跳跃的话，可以跳跃 221 米高，70 层的楼房，他也可以一跃而上，毫不费力。

丹顶鹤总是成群结队迁飞，而且排成"人"字形。"人"字形的角度是110°。更精确地计算还表明"人"字形夹角的一半——即每边与鹤群前进方向的夹角为 54°44′8″! 而金刚石结晶体的角度正好也是 54°44′8″!

蜘蛛的"八卦"形网

蜘蛛结的"八卦"形网，是既复杂又美丽的八角形几何图案，人们即使用直尺和圆规也很难画出像蜘蛛网那样匀称的图案。

真正的数学"天才"是珊瑚虫。珊瑚虫在自己的身上记下"日历"，它们每年在自己的体壁上"刻画"出 365 条斑纹，显然是一天"画"一条。奇怪的是，古生物学家发现 3.5 亿年前的珊瑚虫每年"画"出 400 幅"水彩画"。天文学家告诉我们，当时地球一天仅 21.9 小时，一年不是 365 天，而是 400 天。

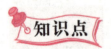 知识点

水母

水母是大型浮游生物，属于低等的无脊椎动物，腔肠动物门中的一员。

全世界的海洋中有超过 200 种的水母，它们分布于全球各地的水域里。水母身体的主要成分是水（其体内含水量一般可达 97％以上），并由内外两胚层所组成，两层间有一个很厚的中胶层，不但透明，而且有漂浮作用。它们在运动之时，利用体内喷水反射前进，就好像一顶圆伞在水中迅速漂游。

延伸阅读

动物数学大师

冬天，猫儿睡觉时，总是把自己的身子尽量缩成球状，这是为什么？原来数学中有这样一条原理：在同样体积的物体中，球的表面积最小。猫身体的体积是一定的，为了使冬天睡觉时散失的热量最少，以保持体内的温度尽量少散失，于是猫儿就巧妙地"运用"了这条几何性质。

蚂蚁是一种勤劳合群的昆虫。英国有个叫亨斯顿的人曾做过一个试验：把一只死蚱蜢切成 3 块，第二块是第一块的两倍，第三块又是第二块的两倍，蚂蚁在组织劳动力搬运这些食物时，后一组均比前一组多一倍左右，似乎它也懂得等比数列的规律哩！

桦树卷叶象虫能用桦树叶制成圆锥形的"产房"，它是这样咬破桦树叶的：雌象虫开始工作时，先爬到离叶柄不远的地方，用锐利的双颚咬透叶片，向后退去，咬出第一道弧形的裂口。然后爬到树叶的另一侧，咬出弯度小些的曲线。然后又回到开头的地方，把下面的一半叶子卷成很细的锥形圆筒，卷 5～7 圈。然后把另一半朝相反方向卷成锥形圆筒，这样，结实的"产房"就做成了。

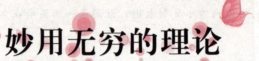

妙用无穷的理论

　　数学在几千年的发展中，累积了大量的数学理论，这些数学理论对指导人们生产生活实践和推动科学研究方面起到了巨大的作用。毕达哥拉斯定理（勾股定理）被誉为"几何学的基石"，是连接数形的纽带，在高等数学和其他学科中有着极为广泛的应用，解决了不少生产和生活中的问题。黄金分割定律是一种神圣分割理论，有着各种神奇的作用和魔力，在应用中发挥了我们意想不到的作用。

毕达哥拉斯定理

　　勾股定理是几何学中一颗光彩夺目的明珠，被称为"几何学的基石"，是用代数思想解决几何问题的最重要的工具之一，是数形结合的纽带之一，在高等数学和其他学科中也有着极为广泛的应用。正因为这样，世界上几个文明古国都已发现并且进行了广泛深入的研究，因此有许多名称。

　　希腊的著名数学家毕达哥拉斯发现了这个定理，因此世界上许多国家都称勾股定理为毕达哥拉斯定理。

　　毕达哥拉斯，古希腊著名的数学家。无论就他的聪明而论或是就他的不懈努力而论，毕达哥拉斯都是自有生民以来在思想方面最重要的人物之一。数学，在证明式的演绎推论的意义上的数学，是从他开始的。而且数学在他的思想中乃是与一种特殊形式的神秘主义密切地结合在一起的。自从毕达哥拉斯之后，数学对于哲学的影响一直都是深刻的。无论是解说外在物质世界，还是描写内在精神世界，都不能没有数学！最早悟出万事万物背后都有数的法则在起作用的，是生活在 2500 年前的毕达哥拉斯。

大约在公元前 580 年，毕达哥拉斯出生在米利都附近的萨摩斯岛（今希腊东部的小岛）——爱奥尼亚群岛的主要岛屿城市之一，此时群岛正处于极盛时期，在经济、文化等各方面都远远领先于希腊本土的各个城邦。

公元前 551 年，毕达哥拉斯来到米利都、得洛斯等地，拜访了泰勒斯、阿那克西曼德和菲尔库德斯，并成为了他们的学生。在此之前，毕达哥拉斯已经在萨摩斯的诗人克莱非洛斯那里学习了诗歌和音乐。

大约在公元前 550 年，30 岁的毕达哥拉斯因宣传理性神学，穿东方人服

毕达哥拉斯

装，蓄上头发从而引起当地人的反感，从此萨摩斯人一直对毕达哥拉斯持有成见，认为他标新立异，鼓吹邪说。毕达哥拉斯被迫于公元前 535 年离家前往埃及，途中他在腓尼基各沿海城市停留，学习当地神话和宗教，并在提尔一神庙中静修。

抵达埃及后，国王阿马西斯推荐他入神庙学习。从公元前 535 年到公元前 525 年这 10 年中，毕达哥拉斯学习了象形文字和埃及神话历史和宗教，并宣传希腊哲学，受到许多希腊人尊敬，有不少人投到他的门下求学。

毕达哥拉斯在 49 岁时返回家乡萨摩斯，开始讲学并开办学校，但是没有达到他预期的成效。公元前 520 年左右，为了摆脱当时君主的暴政，他与母亲和唯一的一个门徒离开萨摩斯，移居西西里岛，后来定居在克罗托内。在那里

他广收门徒，建立了一个宗教、政治、学术合一的团体。

毕达哥拉斯的最伟大的发现，就是关于直角三角形的命题，即直角两夹边的平方的和等于另一边的平方。

毕达哥拉斯有一次应邀参加一位富有政要的餐会，这位主人豪华宫殿般的餐厅地面铺着的是正方形美丽的大理石地砖，由于大餐迟迟不上桌，这些饥肠辘辘的贵宾颇有怨言，唯独这位善于观察的数学家却凝视脚下这些排列规则、美丽的方形瓷砖。

不过，毕达哥拉斯不是在欣赏瓷砖的美丽，而是想到它们和"数"之间的关系，于是拿了画笔并且蹲在地砖上，选了一块瓷砖以它的对角线为边画一个正方形，他发现这个正方形面积恰好等于两块瓷砖的面积和。他很好奇，于是再以两块瓷砖拼成的矩形之对角线作另一个正方形，他发现这个正方形之面积等于 5 块瓷砖的面积，也就是以两股为边作正方形面积之和。

至此毕达哥拉斯作了大胆的假设：任何直角三角形，其斜边的平方恰好等于另两边平方之和。

那一顿饭，这位古希腊数学大师，视线都一直没有离开地面。

为了庆祝这一定理的发现，毕达哥拉斯学派杀了 100 头牛酬谢供奉神灵，因此这个定理又有人叫做"百牛定理"。

其实，勾股定理的故乡应该在我国。至少成书于西汉的《周髀算经》就开始记载了我国周朝初年的周公（约公元前 1100 年左右）与当时的学者商高关于直角三角形性质的一段对话。大意是这样的：从前，周公问商高古代伏羲是如何确定天球的度数的？要知道天是不能用梯子攀登上去的，它也无法用尺子来测量，请问数是从哪里来的呢？商高对此做了回答。他说，数的艺术是从研究圆形和方形开始的，圆形是由方形产生的，而方形又是由折成直角的矩尺产生的。在研究矩形前需要知道九九口诀，设想把一个矩形沿对角线切开，使得短直角边（勾）的长为三，长直角边（股）的长为四，斜边（弦）长则为五。这就是我们常说的勾股弦定理。至于应用，据记载，夏禹治水时就已用到了勾股术，开创了世界上最早使用勾股定理的先河。

由于毕达哥拉斯比商高晚 600 多年，所以有人主张毕达哥拉斯定理应该称为"商高定理"，加之《周髀算经》中记载了在周公之后的陈子曾用勾股定理和相似比例关系推算过地球与太阳的距离和太阳的直径，所以又有人主张称勾股定理为"陈子定理"，最后决定用"勾股定理"来命名，它既准确地反映了我国古代数学的光辉成就，又形象地说明了这一定理的具体内容。

命　题

一般地，在数学中，把用语言、符号或式子表达的，可以判断真假的陈述句叫做命题。其中判断为真的语句叫做真命题，判断为假的语句叫做假命题。命题可分为原命题、逆命题、否命题和逆否命题。原命题是指一个命题的本身。逆命题是指将原命题的条件和结论颠倒的新命题。否命题是将原命题的条件和结论全否定的新命题。逆否命题是将原命题的条件和结论颠倒，然后再将条件和结论全否定的新命题。

▶▶ 延伸阅读

毕达哥拉斯树

毕达哥拉斯树是由毕达哥拉斯根据勾股定理所画出来的一个可以无限重复的图形，又因为重复数次后的形状好似一棵树，所以被称为毕达哥拉斯树。它拥有如下的性质：

（1）直角三角形两个直角边平方的和等于斜边的平方。

（2）两个相邻的小正方形面积的和等于相邻的一个大正方形的面积。而同一次数的所有小正方形面积之和等于最大正方形的面积。

（3）三个正方形之间的三角形，其面积小于或等于大正方形面积的1/4，

大于或等于一个小正方形面积的1/2。

　　根据所做的三角形的形状不同，重复做这种三角形的毕达哥拉斯树的"枝干"茂密程度也就不一样。

黄金分割定律

　　0.618，一个极为迷人而神秘的数字，而且它还有着一个很动听的名字——黄金分割律，它是古希腊著名数学家毕达哥拉斯于2500多年前发现的。古往今来，这个数字一直被后人奉为科学和美学的金科玉律。在艺术史上，几乎所有的杰出作品都不谋而合地验证了这一著名的黄金分割律，无论是古希腊帕特农神庙，还是中国古代的兵马俑，它们的垂直线与水平线之间竟然完全符合黄金分割律的比例。

　　毕达哥拉斯从铁匠打铁时发出的具有节奏和起伏的声响中测出了不同音调的数的关系，并通过在琴弦上所做的实验找出了八度、五度、四度和谐的比例关系。在对"数"特别是音乐的研究过程中，毕达哥拉斯发现和谐能够产生美感效果，和谐是由一定数的比例关系中派生出来的。他把这种数的比例关系推广到音乐、绘画、雕刻、建筑等各个方面。

　　公元前4世纪，古希腊数学家欧多克索斯第一个系统研究了这一问题，并建立起比例理论。他认为所谓黄金分割，指的是把长为 L 的线段分为两部分，使其中一部分对于全部之比，等于另一部分对于该部分之比。

　　把这一比例最早称为黄金分割律的是德国美学家泽辛。此律"认为"，如果物体、图形的各部分的关系都符合这种分割律，它就具有严格的比例性，能使人产生最悦目的印象。而人们曾通过检测人体，证明美的身体恰恰符合黄金分割律。古希腊的巴底隆神庙严整的大理石柱廊，就是根据黄金分割的原则分割了整个神庙，才使这座神庙成为人们心目中威力、繁荣和美德的最高象征。

　　公元前300年前后大数学家欧几里得撰写《几何原本》时吸收了欧多克索斯的研究成果，进一步系统论述了黄金分割，成为最早的有关黄金分割的论者。

中世纪后，黄金分割被披上神秘的外衣，意大利数学家帕乔利称中末比为神圣比例，并专门为此著书立说。德国天文学家开普勒称黄金分割为神圣分割。

黄金分割在文艺复兴前后，经过阿拉伯人传入欧洲，受到了欧洲人的欢迎，他们称之为"金法"。17世纪欧洲的一位数学家，甚至称它为"各种算法中最可宝贵的算法"。这种算法在印度被称之为"三率法"或"三数法则"，也就是我们现在常说的比例方法。

到19世纪，黄金分割这一说法正式盛行。黄金分割数有许多有趣的性质，人类对它的实际应用也很广泛。最著名的例子是优选学中的黄金分割法或0.618法，是由美国数学家基弗于1953年首先提出的，20世纪70年代在我国推广。

优选法是一种求最优化问题的方法。如在炼钢时需要加入某种化学元素来增加钢材的强度，假设已知在每吨钢中需加某化学元素的量在1000～2000克之间，为了求得最恰当的加入量，需要在1000克与2000克这个区间中进行试验。通常是取区间的中点（即1500克）做试验。然后将试验结果分别与1000克和2000克时的实验结果作比较，从中选取强度较高的两点作为新的区间，再取新区间的中点做试验，再比较端点，依次下去，直到取得最理想的结果。这种实验法称为对分法。

不过，这种方法并不是最快的实验方法，如果将实验点取在区间的0.618处，那么实验的次数将大大减少。这种取区间的0.618处作为试验点的方法就是一维的优选法，也称0.618法。实践证明，对于一个因素的问题，用"0.618法"做16次试验就可以完成"对分法"做2500次试验所达到的效果。

另外，根据广泛调查，所有让人感到赏心悦目的矩形，包括电视屏幕、写字台面、书籍、门窗等，其短边与长边之比大多为0.618。甚至连火柴盒、国旗的长宽比例，都恪守0.618比值。

在音乐会上，报幕员在舞台上的最佳位置，是舞台宽度的0.618之处；二胡要获得最佳音色，其"千斤"则须放在琴弦长度的0.618处。

维纳斯雕像、雅典娜雕像等世界艺术珍品中，她们身材的比例都比较合乎黄金分割律，尤其是肚脐之下长度与身高之比都接近0.618。芭蕾舞演员的身段是苗条的，然而她们的这个比值也只有 0.58 左右，于是人们设想，如果让演员在表演时踮起脚尖，那么整个身高就可以增加 6～8 厘米。这样，肚脐以下部分与整个身长的比就更可以接近黄金数 0.618，从而给人以更为优美的艺术形象。

维纳斯雕像

世界最高建筑多伦多电视塔的楼阁和巴黎埃菲尔铁塔的平台，都落在整个塔身高度的 0.618 处，故有虎踞龙盘之势。

最有趣的是，在消费领域中也可妙用 0.618 这个"黄金数"，获得"物美价廉"的效果。据专家介绍，在同一商品有多个品种、多种价值情况下，将高档价格减去低档价格再乘以 0.618，即为挑选商品的首选价格。

对它的各种神奇的作用和魔力，数学上至今还没有明确的解释，只是发现它屡屡在实际中发挥我们意想不到的作用，甚至在买卖股票的操作中也能以黄金分割线作为指导。

数字 0.618 的出现，解决了许多数学难题，如十等分、五等分圆周；求 18°角、36°角的正弦、余弦值等。

知识点

比　例

在数学中，比例是指数量之间的对比关系，或指一种事物在整体中所占的分量。可以简略地分为正比例和反比例。正比例就是在比例的关系中，相对应的两个数的比值一定，两种量就叫做正比例的量，它们的关系叫做正比例的关系。反比例就是在比例的关系中，相对应的两个数的乘积一定，这两种量就叫做反比例的量，它们的关系叫做反比例关系。

 延伸阅读

黄金分割定律的发现

有一次，毕达哥拉斯路过铁匠作坊，被叮叮当当的打铁声迷住了。这清脆悦耳的声音中隐藏着什么秘密呢？

毕达哥拉斯走进作坊，测量了铁锤和铁砧的尺寸，发现它们之间存在着十分和谐的比例关系。回到家里，他又取出一根线，分为两段，反复比较，最后认定1∶0.618的比例最为优美。

出入相补原理

我国古代几何学不仅有悠久的历史，丰富的内容，重大的成就，而且有一个具有我国自己的独特风格的体系，和西方的欧几里得体系不同。

田亩丈量和天文观测是我国几何学的主要起源，这和外国没有什么不同，二者导出面积问题和勾股测量问题。稍后的计算容积、土建工程又导出体积问题。我国古代几何学的特色之一是，依据这些方面的经验成果，总结提高成一个简单明白、看起来似乎微不足道的一般原理——出入相补原理，并且把它应用到形形色色多种多样的不同问题上去。

所谓出入相补原理，又称以盈补虚，用现代语言来说，就是指这样的明显事实：一个平面图形从一处移置他处，面积不变。又若把图形分割成若干块，

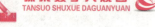
那么各部分面积的和等于原来图形的面积，因而图形移置前后诸面积间的和、差有简单的相等关系。立体的情形也是这样。

出入相补原理是把一个陌生的或者复杂的图形，经过分割、移补，变成熟悉的简单的图形，由于在分割、移补的过程中，变化的只是图形的形状、位置和组成方式，图形的面积并没有改变，所以，最后得到的图形的面积仍然与原来图形的面积相等，而后者可以用已知的方法比较方便地计算出来，这就是出入相补原理的本质特征。出入相补原理蕴含了转化的思想方法，是一种典型的重要的数学思考方法。

出入相补原理是古中国数学中一条用于推证几何图形的面积或体积的基本原理。其内容主要有以下 4 点：

（1）一个几何图形，可以切割成任意多块任何形状的小图形，总面积或总体积维持不变，等于所有小图形面积或体积之和。

（2）一个几何图形，可以任意旋转、倒置、移动、复制，面积或体积不变。

（3）多个几何图形，可以任意拼合，总面积或总体积不变。

（4）几何图形与其复制图形拼合，总面积或总体积加倍。

出入相补原理最早由三国时代魏国数学家刘徽创建，在我国数学的发展史上产生过重大影响。在《九章算术》中，曾用这一原理求解平方根。例如试求 55225 的平方根，《九章算术》将其转化为：已知正方形 $ABCD$ 的面积就是 55225，求边 AB 的长。

按我国记数用十进位位值制，因 AB 显然是一个百位数，所以求 AB 的方法就是依次求出百位数字、十位数字和个位数字。先估计百位数字是 2，因而在 AB 上截取 $AE=200$，并且作正方形 $AEFG$，它的边 EF 的两倍称为"定法"。把 $AEFG$ 从 $ABCD$ 中除去，所余曲尺形 $EBCDGF$ 的面积是 $55225-200^2=15225$。

其次估计十位数字是 3，在 EB 上截取 $EH=30$，并且补成正方形 $AHIJ$。从 $AEFG$ 所增加的曲尺形 $EHIJGF$ 可以分解成 3 部分：以 PE、EH 为边的距形，以 FG、GJ 为边的矩形，以 $EH(GJ)$ 的长为边长的正方形，面积依次

是 $30 \times EF$，$30 \times FG$，30^2，其中 $EF = FG = 200$，所以从 $ABCD$ 中除去 $AHIJ$，所余曲尺形 $HBCDJI$ 的面积是 $15225 - (2 \times 30 \times 200 + 30^2) = 2325$。

现在再估计个位数字是 5，在 HB 上截取 $HK = 5$，并补作正方形 $AKLM$，从 $ABCD$ 中除去 $AKLM$ 后所余曲尺形面积和前同法，应该是 $2325 - (2 \times 5 \times 230 + 5^2) = 0$。

由此知 55225 的平方根恰好是 235。

三国时期，吴国的赵爽在出入相补原理的基础上，创造了"演段算法"，利用"弦图"证明了勾股定理。到了清代，华蘅芳更是把"演段算法"发展到极致，利用 22 幅"青朱出入图"对勾股定理进行了别开生面的证明，令人对这种具有中国特色的"演段算法"刮目相看。

知识点

平方根

平方根又叫二次方根，对于非负实数来说，若 $x^2 = a$，则 $\pm x$ 叫做 a 的平方根，表示为〔$\pm \sqrt{a}$〕，其中属于非负实数的平方根称算术平方根。一个正数有两个平方根；0 只有一个平方根，就是 0 本身；负数没有平方根。

▶▶▶ 延伸阅读

古代数学家赵爽

赵爽，字君卿，我国数学家，约生活于公元 3 世纪初，东汉末至三国时代人。据史料载，他研究过张衡的天文学著作《灵宪》和刘洪的《乾象历》，也提到过"算术"。他的主要贡献是约在公元 222 年深入研究了《周髀算经》，为该书写了序言，并作了详细注释。

祖暅原理

　　球体体积是求积法中一项需要研究的题目。在 2000 多年前，希腊数学家阿基米德已经发现球体体积的公式，而且采用的方法更是使用了积分的概念。在中国则要到南北朝时代才正确地求出球体的体积，而使用的方法称为"牟合方盖"。

　　在《九章算术》的"少广"章的廿三及廿四两问中有所谓"开立圆术"，"立圆"的意思是"球体"，古称"丸"，而"开立圆术"即求已知体积的球体的直径的方法。其中廿四问为：

　　"又有积一万六千四百四十八亿六千六百四十三万七千五百尺。问为立圆径几何？

　　开立圆术曰：置积尺数，以十六乘之，九而一，所得开立方除之，即丸径。"

　　从中可知，在《九章算术》内由球体体积求球体直径，是把球体体积先乘 16 再除以 9，然后再把得数开立方根求出。

　　以现代的理解，这公式当然是错的，但以古时而言也不失为一个简单的公式来求出近似值。

　　当然这个结果对数学家而言是极为不妥的，其中为《九章算术》作注的古代中国数学家刘徽便对这公式有所怀疑：

　　"以周三径一为圆率，则圆幂伤少；令圆囷为方率，则丸积伤多。互相通补，是以九与十六之率，偶与实相近，而丸犹伤多耳。"

　　这也就是说，用圆周率等于 3 来计算圆面积时，则较实际面积要少；若按圆周率等于 4 的比率来计算球和外切直圆柱的体积时，则球的体积又较实际多了一些。然而可以互相通补，但按十六分之九的比率来计算球和外切立方体体积时，则球的体积较实际多一些。

　　因此，刘徽创造了一个独特的立体几何图形，从而希望用这个图形来求出球体体积公式，称之为"牟合方盖"。

所谓"牟合方盖"是当一正立方体用圆规从纵横两侧面作内切圆柱体时，两圆柱体的公共部分。刘徽在他的注中对"牟合方盖"有以下的描述：

"取立方八枚，皆令立方一寸，积之为立方二寸。规之为圆囷，径二寸，高二寸。又复横规之，则其形有似牟合方盖矣。八皆似阳马，圆然也。按合盖者，方率也。丸其中，即圆率也。"

其实刘徽是希望构作一个立体图形，它的每一个横切面皆是正方形，而且会外接于球体在同一高度的横切面的圆形，而这个图形就是"牟合方盖"，因为刘徽只知道一个圆及它的外接正方形的面积比为 π∶4，他希望可以用"牟合方盖"来证实《九章算术》的公式有错误。

当然，刘徽也希望由这方面入手求球体体积的正确公式，因为他知道"牟合方盖"的体积跟内接球体体积的比为 4∶3，只要有方法找出"牟合方盖"的体积便可。

可惜，刘徽始终不能解决，他只可以指出解决方法是计算出"外"的体积，但由于"外"的形状复杂，所以没有成功，无奈地只好留待有能之士图谋解决的方法：

"观立方之内，合盖之外，虽衰杀有渐，而多少不掩。判合总结，方圆相缠，浓纤诡互，不可等正。欲陋形措意，惧失正理。敢不阙疑，以俟能言者。"

200 多年后，祖暅（gèng）出现了，他推导出了著名的"祖暅原理"，根据这一原理就可以求出"牟合方盖"的体积，然后再导出球的体积。这一原理主要应用于计算一些复杂几何体的体积上面。

祖暅又称祖暅之，中国数学家、天文学家，祖冲之之子，字景烁。在梁朝担任过员外散骑侍郎、太府卿、南康太守、材官将军、奉朝请等职务。青年时代，祖暅已对天文学和数学造诣很深，是祖冲之科学事业的继承人。

祖暅还有不少其他科学发现，例如肯定北极星并非真正在北天极，而要偏离 1°多等等。算得这些结果，同他丰富的数学知识是分不开的。祖暅有巧思入神之妙，当他读书思考时，十分专一，即使有雷霆之声，他也听不到。他的主要贡献是修补编辑祖冲之的《缀术》，因此可以说《缀术》是他们父子共同完成的数学杰作。

祖暅原理也就是"等积原理"。它的内容是：夹在两个平行平面间的两个几何体，被平行于这两个平行平面的平面所截，如果截得两个截面的面积总相等，那么这两个几何体的体积相等。祖暅《缀术》说：缘幂势既同，则积不容异。

这个原理很容易理解。取一摞书或一摞纸张堆放在水平桌面上，然后用手推一下以改变其形状，这时高度没有改变，每页纸张的面积也没有改变，因而这摞书或纸张的体积与变形前相等。祖暅不仅首次明确提出了这一原理，还成功地将其应用到球体积的推算。

在《九章算术》"少广章"中李淳风注所引述的"祖暅之开立圆术"，详细记载了祖暅解决球体积问题的方法。

按照李淳风的描述，祖暅是这样计算"牟合方盖"的体积的，先取以圆半径 r 为棱长的一个立方体，以一顶点为心，r 为半径分纵横两次各截立方体为圆柱体。如此，立方体就被分成 4 部分：两个圆柱体的共同部分（内棋，即"牟合方盖"的 1/8）和其余的 3 个部分（外三棋）。

祖暅先算出"外三棋"的体积，这是问题的关键，他发现，这 3 个部分在任何一个高度的截面积之和与一个内切的倒方锥相等。而这个倒方锥的体积是立方体的 1/3，因此内棋的体积便是立方体的 2/3。

最后，利用刘徽关于球体积与"牟合方盖"体积之比为 4/π 的结果，就得到球体积计算公式：$V = \dfrac{4}{3}\pi r^3$。

知识点

《缀术》

《缀术》是我国南北朝时期的一部算经，汇集了祖冲之和祖暅父子的数学研究成果。这本书被认为内容深奥。《缀术》在唐代被收入《算经十书》，成为唐代算学课本。《缀术》曾经传至朝鲜、日本，但到北宋时这部书就已流失。

延伸阅读

祖暅原理的推论

祖暅原理还有两个推论：

推论 1 夹在两个平行平面间的两个几何体，被平行于这两个平面的任意平面所截，如果截得的两个截面的面积比总为 $m:n$，那么这两个几何体的体积之比亦为 $m:n$。

推论 2 夹在两条平行线间的两个平面图形，被平行于这两条平行线的任意直线所截，如果截得的两条线段之比总为 $m:n$，那么这两个平面图形的面积之比亦为 $m:n$。

相似三角形定理

泰勒斯是古希腊时期的思想家、科学家、哲学家，希腊最早的哲学学派——米利都学派的创始人。有"科学和哲学之祖"的美誉。

泰勒斯年轻时去过埃及，在那里，他向埃及人学习了几何学知识。但埃及人的几何学在当时只是为了划分地产而研究的学问。

在埃及，当地的人们只懂得在一块具体的地面上来规划、计算，以弄清人们的地产界线。因为，每年尼罗河一涨水，所有的地面痕迹都被冲毁了，人们在涨水后不得不重新进行测量计算。

埃及人很早在实践中就懂得所有直径都平分圆周；三角形有两条边相等，则其所对的角也相等，但都没有从理论上给予概括，并科学地去证明它。

泰勒斯并不满足于仅仅向埃及人学习这些，他经过思考将这些具体的、只是实际操作的知识给予抽象化、理论化，使之概括成为科学的理论。

据说，埃及的大金字塔建成1000多年后，还没有人能够准确地测出它

泰勒斯雕像

的高度。有不少人作过很多努力，但都没有成功。当泰勒斯来到埃及的时候，人们想试探一下他的能力，就问他是否能解决这个难题。泰勒斯很有把握地说可以，但有一个条件——法老必须在场。

第二天，法老如约而至，金字塔周围也聚集了不少围观的老百姓。泰勒斯来到金字塔前，阳光把他的影子投在地面上。每过一会儿，他就让别人测量他影子的长度，当测量值与他的身高完全吻合时，他立刻在大金字塔在地面的投影处做一记号，然后在丈量金字塔底到投影尖顶的距离。这样，他就报出了金字塔确切的高度。

在法老的请求下，泰勒斯向大家讲解了如何从"影长等于身长"推到"塔影等于塔高"的原理。也就是今天所说的相似三角形定理。

如今，相似三角形定理表述为：

（1）平行于三角形一边的直线和其他两边相交，所构成的三角形与原三角形相似。

（2）如果一个三角形的两条边和另一个三角形的两条边对应成比例，并且夹角相等，那么这两个三角形相似（简叙为：两边对应成比例且夹角相等，两个三角形相似）。

（3）如果一个三角形的三条边与另一个三角形的三条边对应成比例，那么这两个三角形相似（简叙为：三边对应成比例，两个三角形相似）。

（4）如果两个三角形的两个角分别对应相等（或三个角分别对应相等），则两个三角形相似。

相似三角形定理及建立在其基础上的相似三角形性质在科学研究和实际生活中的应用非常广泛，是研究和解决实际问题最有效的工具之一。

知识点

法 老

　　法老是古埃及国王的尊称，在古王国时代（约前 2686～前 2181）仅指王宫，并不涉及国王本身。新王国第十八王朝图特摩斯三世起，开始用于国王自身，并逐渐演变成对国王的一种尊称。第二十二王朝（前 945～前 730）以后，成为国王的正式头衔。法老作为奴隶制专制君主，掌握全国的军政、司法、宗教大权，其意志就是法律，是古埃及的最高统治者。

延伸阅读

泰勒斯在数学方面的贡献

　　泰勒斯在数学方面划时代的贡献是引入了命题证明的思想，标志着人们对客观事物的认识从经验上升到理论，这在数学史上是一次非同凡响的飞跃。在数学中引入逻辑证明，它的重要意义在于：保证了命题的正确性；揭示各定理之间的内在联系，使数学构成一个严密的体系，为进一步发展打下基础；使数学命题具有充分的说服力，令人深信不疑。另外，泰勒斯曾发现了不少平面几何学的定理，诸如："直径平分圆周""三角形两等边对等角""两条直线相交、对顶角相等""三角形两角及其夹边已知，此三角形完全确定""半圆所对的圆周角是直角"等，这些定理虽然简单，而且古埃及、古巴比伦人也许早已知道，但是，泰勒斯把它们整理成一般性的命题，论证了它们的严格性，并在实践中广泛应用。

是非难辨的理论

一般而言，数学给人的印象总是严密和可靠的。但早在 2000 多年前的古希腊，人们就发现了一些看起来好像正确，但却能导致与直觉和日常经验相矛盾的命题，这些自相矛盾的命题就被称为悖论或反论，即如果承认这个命题，就可推出它的否定，反之，如果承认这个命题的否定，又可推出这个命题。

我国古代曾记载这样一个民间故事，一位讼师收徒弟，规定学成后打赢一场官司交一两银子，打输一场就可不交。后来他的弟子打赢官司后不交钱。老师气急了，告到衙门。弟子不慌不忙地说："这场官司我赢了当然不交钱。如果我输了，照我们的规定，也不交钱。反正我不交钱。"

约公元前 5 世纪的古希腊哲学家芝诺提出了 4 个著名的悖论。第一个悖论说运动不存在。理由是运动物体到达目的地之前必须先抵达中点。也就是说，一个物体从 A 到 B，永远不能到达。因为要从 A 到 B，必须先到达 AB 的中点 C，为到达 C 必须先到达 AC 的中点 D，等等。这就要求物体在有限时间内通过无限多个点，从而是不可能的。第二个悖论说希腊的神行太保阿基利斯永远赶不上在他前面的乌龟。因为追赶者首先必须到达被追者的起点，因而被追者永远在前面。第三个悖论说飞箭静止，因为在某一时间间隔，飞箭总是在某个空间间隔中确定的位置上，因而是静止的。第四个悖论是游行队伍悖论，内容与前者基本上是相似的。芝诺悖论在数学史上有着重要的地位，有人将它看成是第二次数学危机的开始，并由此导致了实数理论、集合论的诞生。

芝诺头部雕像

"芝诺悖论"在古希腊出现之后，经历了 2000 年左右，才由牛顿、莱布尼茨等人的微积分学找到了真正的错误所在。

微积分学分成微分和积分两部分。所谓"微分"就是把一个事物无限量地细分，"积分"就是将细分后的片断加起来。在微积分中有一个重要的概念叫做"无穷小"。无穷小的概念是：趋近于零，但不等于零。无穷个"趋近于零"的无穷小相加、累积之后，就会有一个确切的值。

对于"阿基利斯追不上乌龟"这个悖论，从理论上说，芝诺只做了"微分"，而没有做"积分"，也就是说，他的工作只做了一半。

英国哲学家、数学家、逻辑学家罗素讲过这样一个故事：

有一个村庄的理发师立下了"只为所有不自己理发的人理发"的规矩。于是有人问他："理发师先生，您的头由谁理呢？"这可难住了理发师。因为从逻辑上讲有两种可能性，自己给自己理或请别人给自己理。但若自己给自己理，那就违背了立下的规矩；如果请别人给自己理，那他自己就成了"不自己理发的人"，按照规矩，他应该给自己理发。无论怎样都和自己的规矩相冲突。看来这位理发师真是遇到难题了。这就是罗素于 20 世纪初提出的著名的理发师悖论，或称罗素悖

罗　素

论。罗素悖论标志着第三次数学危机的开始，由此导致了对数学基础的广泛讨论。实际上，与罗素悖论本质上完全一样的说谎者悖论早在公元前 4 世纪就由古希腊数学家欧几里得提出，即"我正在说的这句话是谎话"。这句话到底是真话还是谎话呢？这也是一个无法自圆其说的论题。

对于数学悖论的研究，推动了数学的发展，同时也使人们认识到尽管数学是很严密的，但它的真理性却也是相对的。只有不断去探索、去研究，才能更

好地发现真理、掌握真理，真正理解世界的含义。

知识点

集 合 论

　　集合论是数学的一个基本的分支学科，是研究集合（由一堆抽象物件构成的整体）的数学理论。在大多数现代数学的公式化中，集合论提供了要如何描述数学物件的语言。集合论、逻辑以及一阶逻辑共同构成了数学的公理化基础。集合论在数学中占有一个独特的地位，它的基本概念如集合、元素等已渗透到数学的所有领域。

延伸阅读

彭罗斯台阶

　　彭罗斯台阶是著名的数学悖论之一。在这个神奇的图中，人一直在往台阶上走，但是却一直在同一个水平面上打转转。

　　彭罗斯台阶你可以永远地沿着它转圈，但却总是在向上攀登，而且一次又一次地回到原来的位置！

　　这是由于我们的眼睛受图画的迷惑而认为这种台阶是存在的，而这些不可能形体正是它在视觉上的类似产物。

　　这个"不可能台阶"是由英国遗传学家列昂尼尔·S·彭罗斯和他的儿子数学家罗杰尔·彭罗斯发明的，后者于1958年把它公布于众，人们常称这台阶为"彭罗斯台阶"。

模糊数学理论

在日常生活中，我们经常会遇到一些模糊不清的概念。例如，"高个子""矮个子"等。如果把1.80米的人算高个子，那么，身高1.76米的人算不算高个子呢？这就很难说。因为，"高个子""矮个子"并没有十分明确的标准。因而这些概念就显得模糊不清，模糊数学就是用数学方法研究事物这种模糊性质的一门数学学科。

古典数学建立在集合论的基础上，一个对象对于一个集合要么属于，要么不属于，两者必居其一，且仅居其一，绝不可模棱两可，由于这个要求，大大限制了数学的应用范围，使它无法处理日常生活中大量的不明确模糊现象与概念。随着科学的发展，过去那些与数学毫无关系或关系不大的学科如生物学、心理学、语言学等都迫切要求定量化和数学化。为了适应这些学科自身的特点，只有通过改造数学，使它应用的面更为广泛。模糊理论就是在这样的背景下诞生的。模糊数学诞生于1965年，创始人是美国自动控制专家查德，他最早提出了模糊集合的概念，引入了隶属函数。

模糊数学从它的诞生之日起，就与电子计算机息息相关。今天精确的数学计算当然是不可少的，然而，当我们要求电子计算机具备人脑功能的时候，精确这个长处反而成了短处。例如，我们在判别走过的人是谁时，总是将来人的高矮、胖瘦、走路姿势与大脑存储的样子进行比较，从而作出判断。一般说来，这是件不难的事，即使是分别好多年的老朋友你也会很快地认出他来，但是若让计算机做这件事，使用精确数学太复杂了。得测量来人的身高、体重、手臂摆动的角度以及鞋底对地面的正压力、摩擦力、速度、加速度等数据，而且要精确到小数点后几十位才肯罢休。如果有位熟人最近稍为瘦了或胖了一些，计算机就"翻脸不认人了"。显然，这样的"精确"容易使人糊涂。由此可见，要使计算机能模拟人脑的功能，一定程度的模糊是必要的。

模糊数学的研究内容主要有以下 3 个方面：

第一，研究模糊数学的理论，以及它和精确数学、随机数学的关系。查德以精确数学集"小穿"合论为基础，并考虑到对数学的集"小穿"合概念进行修改和推广。他提出用"模糊集'小穿'合"作为表现模糊事物的数学模型。并在"模糊集'小穿'合"上逐步建立运算、变换规律，开展有关的理论研究，就有可能构造出研究现实世界中的大量模糊的数学基础，能够对看来相当复杂的模糊系统进行定量的描述和处理的数学方法。

在模糊集"小穿"合中，给定范围内元素对它的隶属关系不一定只有"是"或"否"两种情况，而是用介于 0 和 1 之间的实数来表示隶属程度，还存在中间过渡状态。比如"老人"是个模糊概念，70 岁的肯定属于老人，它的从属程度是 1，40 岁的人肯定不算老人，它的从属程度为 0，按照查德给出的公式，55 岁属于"老"的程度为 0.5，即"半老"，60 岁属于"老"的程度为 0.8。查德认为，指明各个元素的隶属集"小穿"合，就等于指定了一个集"小穿"合。当隶属于 0 和 1 之间值时，就是模糊集"小穿"合。

第二，研究模糊语言学和模糊逻辑。人类自然语言具有模糊性，人们经常接受模糊语言与模糊信息，并能做出正确的识别和判断。

为了实现用自然语言跟计算机进行直接对话，就必须把人类的语言和思维过程提炼成数学模型，才能给计算机输入指令，建立合适的模糊数学模型，这是运用数学方法的关键。查德采用模糊集"小穿"合理论来建立模糊语言的数学模型，使人类语言数量化、形式化。

如果我们把合乎语法的标准句子的从属函数值定为 1，那么，其他文法稍有错误，但尚能表达相仿的思想的句子，就可以用以 0 到 1 之间的连续数来表征它从属于"正确句子"的隶属程度。这样，就把模糊语言进行定量描述，并定出一套运算、变换规则。目前，模糊语言还很不成熟，语言学家正在深入研究。

人们的思维活动常常要求概念的确定性和精确性，采用形式逻辑的排中律，既非真既假，然后进行判断和推理，得出结论。现有的计算机都是建立在二值逻辑基础上的，它在处理客观事物的确定性方面，发挥了巨大的作用，但是却不具备处理事物和概念的不确定性或模糊性的能力。

为了使计算机能够模拟人脑高级智能的特点，就必须把计算机转到多值逻辑基础上，研究模糊逻辑。目前，模糊逻辑还很不成熟，尚需继续研究。

第三，研究模糊数学的应用。模糊数学是以不确定性的事物为其研究对象的。模糊集"小穿"合的出现是数学适应描述复杂事物的需要，查德的功绩在于用模糊集"小穿"合的理论找到解决模糊性对象加以确切化，从而使研究确定性对象的数学与不确定性对象的数学沟通起来，过去精确数学、随机数学描述感到不足之处，就能得到弥补。在模糊数学中，目前已有模糊拓扑学、模糊群论、模糊图论、模糊概率论、模糊语言学、模糊逻辑学等分支。

模糊数学是一门新兴学科，它已初步应用于模糊控制、模糊识别、模糊聚类分析、模糊决策、模糊评判、系统理论、信息检索、医学、生物学等各个方面。在气象、结构力学、控制、心理学等方面已有具体的研究成果。然而模糊数学最重要的应用领域是计算机职能，不少人认为它与新一代计算机的研制有密切的联系。

随着电子计算机的发展，模糊数学理论的应用越来越广。它可以用来进行科学分类，如植物分类、人类体型分类，用以识别文字，辨认卫星照片，识别癌细胞，还可用于环境综合评价等。

知识点

函 数

函数表示每个输入值对应唯一输出值的一种对应关系。函数 f 中对应输入值 x 的输出值的标准符号为：$f(x)$。包含某个函数所有的输入值的集合被称做这个函数的定义域，包含所有的输出值的集合被称做值域。函数有多个分类标准，也对应多种类函数。

 延伸阅读

模糊数学在我国的发展

1976 年我国开始注意模糊数学的研究,世界著名模糊数学家考夫曼(法国)、山泽(法国)、菅野(日本)等先后来我国讲学,推动了我国模糊数学的高速发展,很快就拥有一支较强的研究队伍。1980 年成立了中国模糊集与系统协会。1981 年,创办《模糊数学》杂志,1987 年,创办了《模糊系统与数学》杂志。还出版过大量的颇有价值的论著。1988 年我国汪培庄教授指导几位博士生研制成功了一台模糊推理机——分立元件样机。它的推理速度为1500 万次/秒,这表明我国在突破模糊信息处理难关方面迈出了重要一步。目前,我国已成为全球四大模糊数学研究中心之一。

来自赌徒的请求

在自然界和现实生活中,常遇到两类性质截然不同的现象:①确定的现象。这类现象在一定条件下,必定会导致某种确定的结果。例如"在标准大气压下,水加热到 100℃就必然会沸腾。②不确定的现象。这类现象在一定的条件下,它的结果是不确定的。举例来说,掷一枚五分硬币,有两种可能性,一种是"国徽面"朝上,一种是"五分面"朝上,每掷一次,都很难断定是哪种结果。这种现象也叫做随机现象,但随着掷币次数的增多,我们就会越来越清楚地发现"国微面"朝上的次数与"五分面"朝上的次数大体相同这个规律。大量同类随机现象呈现的某种规律性,随着观察次数的增多而愈加明显。概率论就是研究大量同类随机现象的统计规律性的数学学科。

概率论产生于 17 世纪,本来是由保险事业而产生的,是来自赌者的请求,但这个请求却是数学家们思考概率论问题的源泉。

早在 1654 年，有一个赌徒梅勒向当时的数学家帕斯卡提出了一个使他苦恼了很久的问题："两个赌徒相约赌若干局，谁先赢 m 局就算获胜，全部赌本就归胜者。但是当其中一个人甲赢了 a（$a<m$）局，另一个人乙赢了 b（$b<n$）局的时候，赌博中止，问赌本应当如何分配才算合理？"帕斯卡和费马用各自不同的方法解决了这个问题。

试以 $m=3$，$a=2$，$b=1$ 来说明他们的方法，帕斯卡分析说，按条件甲乙赢了两局，若再掷一次，则甲或者获全胜或与乙持平，此时平分赌金是公平的。把这种情况平均一下，甲应得 $\frac{1}{2}+\frac{1}{2}\times\frac{1}{2}=\frac{3}{4}$，乙得 $\left(1-\frac{3}{4}\right)=\frac{1}{4}$。

费马分析说，由于甲已经赢了 a 局，乙赢了 b 局，离赌博结束最多还要 $(m-a)+(m-b)-1$ 局，在我们的具体例子中，就是最多还需赌两次，其结果有 4 种可能：

Ⅰ（甲，甲）、Ⅱ（甲，乙）、Ⅲ（乙，甲）、Ⅳ（乙，乙）

在前三种情况下甲赢，仅最后一种情况下乙获胜。因此甲有权分得赌金的 3/4。

虽然早在 16 世纪，意大利有一些人，已经从数学角度研究过赌博问题，但都未能得出问题的正确的解答。毕竟概率论概念的要旨，在于对未发生事件的一种估计或评价，只是在费马和帕斯卡的讨论中明显体现，所以说他俩是概率论的创始人。

1567 年，荷兰著名的天文、物理兼数学家惠更斯写成了《论机会游戏的计算》，这是最早的概率论的著作，并且由他第一个提出了"数学期望"这个概念。在概率论的现代表述中，概率是基本概念，数学期望则是第二级的。而在历史上却相反，先有"期望"概念后有"概率"

惠更斯

概念，惠更斯在其论文中已预见到了这一新的推理和计算方法具有强大的生命力。

其后，学者伯努利、棣莫弗、贝叶斯等都做了大量的工作，然而这个时期概率论发展的集大成者是数学家拉普拉斯。他的概率论的主要论著是《分析概率论》一书，虽出版在 19 世纪初，但所总结的成果完全是属于 18 世纪的。

《分析概率论》是一部继往开来的作品。他总结了前辈和他以往 40 年的成果。同时又实现了方法论上的革命，使概率论变成了分析数学的一部分，从而开了现代概率论的先河。

概率论在物理、化学、生物、生态、天文、地质、医学等学科中，在控制论、信息论、电子技术、预报、运筹等工程技术中的应用都非常广泛。由于科学技术的日益精确化，概率论除了纯理论研究和应用概率取得较大进展外，计算概率也有很大的发展。

 知识点

概　率

概率又称或然率、机会率或几率，是数学概率论的基本概念，是一个在 0 到 1 之间的实数，是对随机事件发生的可能性的度量。如果一件事情发生的概率是 $1/n$，不是指 n 次事件里必有一次发生该事件，而是指此事件发生的频率接近于 $1/n$ 这个数值。

 延伸阅读

惠更斯的数学功绩

惠更斯 1629 年诞生于海牙的一个富豪之家。其父知识渊博，擅长数学

研究，同时又是一位杰出的诗人和外交家。惠更斯从小受到父亲的熏陶，喜欢学习和钻研科学问题。16 岁进入莱顿大学学习，后转到布雷达大学学习法律和数学。26 岁获得法学博士学位。数学老师范·舒藤指导他学习当时的著名数学家、哲学家卡卡维的数学著作及其哲学著作。惠更斯从中感悟到数学的奥妙而对数学很感兴趣。1650～1666 年期间，他大多时间在家中潜心研究光学、天文学、物理学和数学等，成果显著，一举成为当时闻名遐迩的科学家。

除去在光学、天文学等领域的贡献外，惠更斯也有出众的数学才能，可谓是一个解题大师，早在 22 岁时就写出关于计算圆周长、椭圆弧及双曲线的论文。他发现了许多数学技巧，解决了大量数学问题。如他改进了计算 π 值的经典方法；继续笛卡儿、费马和帕斯卡的工作，对多种平面曲线，如悬链线、曳物线、对数螺线、旋轮线等都进行过研究；对许多特殊函数求得其面积、体积、重心及曲率半径等，某些方法与积分方程的积分法相似。

斐波那契数列

中世纪最有才华的数学家斐波那契（1175～1259）出生在意大利比萨市的一个商人家庭。因父亲在阿尔及利亚经商，因此幼年在阿尔及利亚学习，学到不少尚未流传到欧洲的阿拉伯数学。成年以后，他继承父业从事商业，走遍了埃及、希腊、叙利亚、印度、法国和意大利的西西里岛。

斐波那契是一位很有才能的人，并且特别擅长于数学研究。他发现当时阿拉伯数学要比欧洲大陆发达，因此有利于推动欧洲大数学的发展。他在其他国家和地区经商的同时，特别注意搜集当地的算术、代数和几何的资料。

回国后，便将这些资料加以研究和整理，编成《算经》。《算经》的出版，使他成为一个闻名欧洲的数学家。继《算经》之后，他又完成了《几何实习》（1220 年）和《四艺经》（1225 年）两部著作。

《算经》在当时的影响是相当巨大的。这是一部由阿拉伯文和希腊文的材料编译成拉丁文的数学著作，当时被认为是欧洲人写的一部伟大的数学著作，在两个多世纪中一直被奉为经典著作。

在当时的欧洲，虽然多少知道一些阿拉伯记数法和印度算法，但仅仅局限在修道院内，一般的人还只是用罗马数字记数法而尽量避免用"零"。斐波那契的《算经》，介绍了阿拉伯记数法和印度人对整数、分数、平方根、立方根的运算方法，这部著作在欧洲大陆产生了极大的影响，并且改变了当时数学的面貌。他在这本书的序言中写道："我把自己的一些方法和欧几里得几何学中的某些微妙的技巧加到印度的方法中去，于是决定写现在这本15章的书，使拉丁族人对这些东西不会那么生疏。"

在斐波那契的《算经》中，记载着大量的代数问题及其解答，对于各种解法都进行了严格的证明。下面是书中记载的一个有趣的问题：有个人想知道，一年之内一对兔子能繁殖多少对？于是就筑了一道围墙把一对兔子关在里面。已知一对兔子每个月可以生一对小兔子，而一对兔子出生后在第二个月就开始生小兔子。假如一年内没有发生死亡现象，那么，一对兔子一年内能繁殖成多少对？

现在我们先来找出兔子的繁殖规律，在第一个月，有一对成年兔子，第二个月它们生下一对小兔，因此有两对兔子，一对成年，一对未成年；到第三个月，第一对兔子生下一对小兔，第二对已成年，因此有三对兔子，两对成年，一对未成年。月月如此。

第1个月到第6个月兔子的对数是：

1，2，3，5，8，13。

我们不难发现，上面这组数有这样一个规律：即从第3个数起，每一个数都是前面两个数的和。若继续按这规律写下去，一直写到第12个数，就得：

1，2，3，5，8，13，21，34，55，89，144，233。

显然，第12个数就是一年内兔子的总对数。所以一年内1对兔子能繁殖成233对。

在解决这个有趣的代数问题过程中，斐波那契得到了一个数列。人们为纪念他这一发现，在这个数列前面增加一项"1"后得到数列：

1，1，2，3，5，8，13，21，34，55，89，…

这个数列叫做"斐波那契数列"，这个数列的任意一项都叫做"斐波那契数"。

这个数列可以由下面递推关系来确定：

$$\begin{cases} a_1 = a_2 = 1 \\ a_{n+2} = a_n + a_{a+1} \quad (n \geqslant 3) \end{cases}$$

另外，我们还可以利用等比数列的性质，推导出斐波那契数列的一个外观比较漂亮的通项公式：

$$a_n = \frac{1}{\sqrt{5}} \left[\left(\frac{1+\sqrt{5}}{2} \right)^n - \left(\frac{1-\sqrt{5}}{2} \right)^n \right]$$

在美国《科学美国人》杂志上曾刊登过一则有趣的故事：世界著名的魔术家兰迪先生有一块长和宽都是 13 分米的地毯，他想把它改成 8 分米宽、21 分米长的地毯。他拿着这块地毯去找地毯匠奥马尔，并对他说："我的朋友，我想请您把这块地毯分成 4 块，然后再把它们缝在一起，成为一块 8 分米×21 分米的地毯。"奥马尔听了以后说道："很遗憾，兰迪先生。您是一位伟大的魔术家，但您的算术怎么这样差呢！13×13＝169，而 8×21＝168，这怎么办得到呢？"兰迪说："亲爱的奥马尔，伟大的兰迪是从来不会错的，请您把这块地毯裁成这样的四块。"

然而奥马尔照他所说的裁成 4 块后。兰迪先生便把这 4 块重新摆好，再让奥马尔把它们缝在一起，这样就得到了一块 8 分米×21 分米的地毯。

奥马尔始终想不通："这怎么可能呢？地毯面积由 169 平方分米缩小到 168 平方分米，那 1 平方米到哪里去了呢？"

将 4 个小块拼成长方形时，在对角线中段附近发生了微小的重叠。正是沿着对角线的这点叠合，而导致了丢失一个单位的面积。

涉及 4 个长度数 5，8，13，21 都是斐波那契数，并且 $13^2 = 8 \times 21 + 1$，$8^2 = 5 \times 13 - 1$。多做几次上述的试验，就可以发现斐波那契数列的一个有趣而重要的性质：

$$a_n^2 = a_{n-1} \cdot a_{n+1} \pm 1 \quad (n \geqslant 2)$$

斐波那契数列在实际生活中有非常广泛而有趣的应用。除了动物繁殖外，植物的生长也与斐波那契数有关。数学家泽林斯基在一次国际性的数学会议上提出树生长的问题：如果一棵树苗在一年以后长出一条新枝，然后休息一年。再在下一年又长出一条新枝，并且每一条树枝都按照这个规律长出新枝。那么，第1年它只有主干，第2年有两枝，第3年就有3枝，然后是5枝、8枝、13枝等等，每年的分枝数正好是斐波那契数。

生物学中所谓的"鲁德维格定律"，也就是斐波那契数列在植物学中的应用。

从古希腊直到现在都认为在造型艺术中有美学价值，在现代优选法中有重要应用的"黄金率"，实际和斐波那契数列密切相关。

现在广泛应用的优选法，也和斐波那契数有着密切联系。

知识点

数　列

数列是指按一定次序排列的一列数。数列中的每一个数都叫做这个数列的项。排在第一位的数称为这个数列的第1项（通常也叫做首项），排在第二位的数称为这个数列的第2项，…，排在第n位的数称为这个数列的第n项。数列有多种类型。

延伸阅读

自然界中的斐波那契数列

自然界中有许多与斐波那契数列"巧合"的地方，例如，由于新生的枝条，往往需要一段"休息"时间，供自身生长，而后才能萌发新枝。所以，一株树苗在一段间隔（例如一年）以后长出一条新枝；第二年新枝"休息"，老枝依旧萌发，此后，老枝与"休息"过一年的枝同时萌发，当年生的新枝则次年"休息"。这样，一株树木各个年份的枝丫数，便构成斐波那契数列。这个规律，就是生物学上著名的"鲁德维格定律"。另外，延龄草、野玫瑰、南美血根草、大波斯菊、金凤花、耧斗菜、百合花、蝴蝶花的花瓣，它们花瓣数目具有斐波那契数：3，5，8，13，21，…

■■ 微积分理论

微积分是 17 世纪世界数学史上一个重要发现。这个时期，欧洲的社会经济迅猛发展，资本主义工业的大型生产使得力学在科学中的地位越来越重要。于是，一系列的力学问题以及与此有关的问题便呈现在科学家们的面前，这些问题也就成了促使微积分产生的因素。归结起来，大约有 4 种主要类型的问题：

第一类是研究运动的时候直接出现的，也就是求即时速度的问题。

第二类问题是求曲线的切线的问题。

第三类问题是求函数的最大值和最小值问题。

第四类问题是求曲线长、曲线围成的面积、曲面围成的体积、物体的重心、一个体积相当大的物体作用于另一物体上的引力。

17 世纪的许多著名的数学家、天文学家、物理学家都为解决上述几类问题做了大量的研究工作，如法国的费马、笛卡儿、罗伯瓦、笛沙格；英国的巴罗、瓦里士；德国的开普勒；意大利的卡瓦列利等人都提出许多很有建树的理论，为微积分的创立作出了贡献。

17 世纪下半叶，在前人工作的基础上，英国大科学家牛顿和德国数学家莱布尼茨分别在自己的国度里独自研究和完成了微积分的创立工作，虽然这只是十分初步的工作。他们的最大功绩是把两个貌似毫不相关的问题联系在一起，一个是切线问题（微分学的中心问题），一个是求积问题（积分学的中心问题)。

牛 顿

虽然在牛顿之前,已有不少数学家从事过微积分的奠基性工作,但作为无穷小量分析所涉及的观点和方法,以及由此组成的一门以独特的算法为特征的新学科的发现,这仍应归功于牛顿。

正如美国数学史家克莱因所说:"数学和科学中的巨大进展,几乎总是建立在几百年中作出的一点一滴贡献的许多工作之上的,需要一个人来走那最高最后的一步,这个人要能足够敏锐地从纷乱的猜测和说明中清理出前人有价值的想法,有足够想象力地把这些碎片重新组织起来,并且足够大胆地制订一个宏伟的计划。在微积分中,这个人就是艾萨克·牛顿。"

1666 年,即牛顿担任数学教授之前,他已经开始关于微积分的研究,他受了沃利斯的《无穷算术》的启发,第一次把代数学扩展到分析学。牛顿起初的研究是静态的无穷小量方法,像费马那样把变量看成是无穷小元素的集合。

1669 年,牛顿完成了第一篇有关微积分的论文。当时在他的朋友中间散发传阅,直到 42 年后的 1711 年才正式出版。牛顿在论文中不仅给出了求瞬时变化率的一般方法,而且证明了面积可由求变化率的逆过程得到。

接着,牛顿研究变量流动生成法,认为变量是由点、线或面的连续运动产生的,因此,他把变量叫做流量,把变量的变化率叫做流数。牛顿第二阶段的工作,主要体现在成书于 1671 年的一本论著《流数法和无穷级数》中。书中叙述了微积分基本定理,并对微积分思想作了广泛而更明确的说明。但这篇论著直到 1736 年才公开发表。

在书中，牛顿还明确表述了他的流数法的理论依据，说："流数法赖以建立的主要原理，乃是取自理论力学中的一个非常简单的原理，这就是：数学量，特别是外延量，都可以看成是由连续轨迹运动产生的，而且所有不管什么量，都可以认为是在同样方式下产生的。"又说，"本人是靠另一个同样清楚的原理来解决这个问题的，这就是假定一个量可以无限分割，或者可以（至少在理论上说）使之连续减小，直至……比任何一个指定的量都小。"牛顿在这里提出的"连续"思想及使一个量小到"比任何一个指定的量都小"的思想是极其深刻的。

牛顿微积分研究的第三阶段用的是最初比和最后比的方法，否定了以前自己认为的变量是无穷小元素的静止集合，不再强调数学量是由不可分割的最小单元构成，而认为它是由几何元素经过连续运动生成的，不再认为流数是两个实无限小量的比，而是初生量的最初比或消失量的最后比，这就从原先的实无限小量观点进到量的无限分割过程即潜无限观点上去。这是他对初期微积分研究的修正和完善。

牛顿在流数术中所提出的中心问题是：已知连续运动的路径，求给定时刻的速度（微分法）；已知运动的速度求给定时间内经过的路程（积分法）。牛顿认为任何运动存在于空间，依赖于时间，因而他把时间作为自变量，把和时间有关的因变量作为流量，不仅这样，他还把几何图形——线、角、体，都看做力学位移的结果。因而，一切变量都是流量。

所谓"流量"就是随时间而变化的自变量，如 x，y，s，u 等，"流数"就是流量的改变速度即变化率。

牛顿在 1665 年 5 月 20 日的一份手稿中提到"流数术"，因而有人把这一天作为诞生微积分的标志。

微积分学的建立是 17 世纪数学的三大成就之一，被广泛应用于许多初等数学所未能解决的问题及其他学科领域，过去很多初等数学束手无策的问题，运用微积分，往往迎刃而解，显示出微积分学的非凡威力。

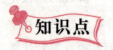

切　线

　　切线是几何学术语，通俗地讲，切线指的是一条刚好触碰到曲线上某一点（切点）的直线。比如圆的切线就是指和圆只有一个公共交点（切点）的直线。

▶▶ 延伸阅读

　　莱布尼茨是德国一个博学多才的学者，1684 年，他发表了现在世界上认为是最早的微积分文献，这篇文章名字很长，叫《一种求极大极小和切线的新方法，它也适用于分式和无理量，以及这种新方法的奇妙类型的计算》。就是这样一篇说理也颇含糊的文章，却有划时代的意义。它已含有现代的微分符号和基本微分法则。1686 年，莱布尼茨发表了第一篇积分学的文献。他所创设的微积分符号，其优越性要远远高于牛顿发明和使用的符号，这对微积分的发展有极大的影响。现在使用的微积分通用符号就是当时莱布尼茨精心选用的。

▋▋ 突变理论

　　许多年来，自然界许多事物的连续的、渐变的、平滑的运动变化过程，都可以用微积分的方法给以圆满解决。例如，地球绕着太阳旋转，有规律地周而复始地连续不断进行，使人能极其精确地预测未来的运动状态，这就需要运用经典的微积分来描述。

但是，自然界和社会现象中，还有许多突变和飞跃的过程，飞跃造成的不连续性把系统的行为空间变成不可微的，微积分就无法解决。例如，水突然沸腾，冰突然融化，火山爆发，某地突然地震，房屋突然倒塌，病人突然死亡……

这种由渐变、量变发展为突变、质变的过程，就是突变现象，微积分是不能描述的。以前科学家在研究这类突变现象时遇到了各式各样的困难，其中主要困难就是缺乏恰当的数学工具来提供描述它们的数学模型。那么，有没有可能建立一种关于突变现象的一般性数学理论来描述各种飞跃和不连续过程呢？这迫使数学家进一步研究描述突变理论的飞跃过程，研究不连续性现象的数学理论。

1972 年法国数学家雷内·托姆在《结构稳定性和形态发生学》一书中，明确地阐明了突变理论，宣告了突变理论的诞生。

突变理论主要以拓扑学为工具，以结构稳定性理论为基础，提出了一条新的判别突变、飞跃的原则：在严格控制条件下，如果质变中经历的中间过渡态是稳定的，那么它就是一个渐变过程。

比如拆一堵墙，如果从上面开始一块块地把砖头拆下来，整个过程就是结构稳定的渐变过程。如果从底脚开始拆墙，拆到一定程度，就会破坏墙的结构稳定性，墙就会哗啦一声倒塌下来。

对于这种结构的稳定与不稳定现象，突变理论用势函数的洼存在表示稳定，用洼取消表示不稳定，并有自己的一套运算方法。例如，一个小球在洼底部时是稳定的，如果把它放在突起顶端时是不稳定的，小球就会从顶端处，不稳定地滚下去，往新洼地过渡，事物就发生突变；当小球在新洼地底处，又开始新的稳定，所以势函数的洼存在与消失是判断事物的稳定性与不稳定性、渐变与突变过程的根据。

托姆的突变理论，就是用数学工具描述系统状态的飞跃，给出系统处于稳定态的参数区域，参数变化时，系统状态也随着变化，当参数通过某些特定位置时，状态就会发生突变。

突变理论提出一系列数学模型，用以解释自然界和社会现象中所发生的不连续的变化过程，描述各种现象为何从形态的一种形式突然地飞跃到根本不同的另一种形式。如岩石的破裂、桥梁的断裂、细胞的分裂、胚胎的变异、市场的破坏以及社会结构的激变……

　　按照突变理论，自然界和社会现象中的大量的不连续事件，可以由某些特定的几何形状来表示。托姆指出，发生在三维空间和一维空间的 4 个因子控制下的突变，有 7 种突变类型：折叠突变、尖顶突变、燕尾突变、蝴蝶突变、双曲脐形突变、椭圆脐形突变以及抛物脐形突变。

　　例如，用大拇指和中指夹持一段有弹性的钢丝，使其向上弯曲，然后再用力压钢丝使其变形，当达到一定程度时，钢丝会突然向下弯曲，并失去弹性。这就是生活中常见的一种突变现象，它有两个稳定状态：上弯和下弯，状态由两个参数决定，一个是手指夹持的力（水平方向），一个是钢丝的压力（垂直方向），可用尖顶突变来描述。

　　尖顶突变和蝴蝶突变是几种质态之间能够进行可逆转的模型。自然界还有些过程是不可逆的，比如死亡是一种突变，活人可以变成死人，反过来却不行。这一类过程可以用折叠突变、燕尾突变等时函数最高奇次的模型来描述。所以，突变理论是用形象而精确的数学模型来描述质量互变过程。

　　英国数学家奇曼教授称突变理论是"数学界的一项智力革命——微积分后最重要的发现"。他还组成一个研究团体，悉心研究，扩展应用。短短几年，论文已有 400 多篇，可称为盛极一时，托姆为此成就而荣获当年国际数学界的最高奖——菲尔兹奖。

　　突变理论在自然科学中的应用是相当广泛的。在物理学中研究了相变、分叉、混沌与突变的关系，提出了动态系统、非线性力学系统的突变模型，解释了物理过程的可重复性是结构稳定性的表现。在化学中，用蝴蝶突变描述氢氧化物的水溶液，用尖顶突变描述水的液、气、固态的变化等。在生态学中研究了物群的消长与生灭过程，提出了根治蝗虫的模型与方法。在工程技术中，研究了弹性结构的稳定性，通过桥梁过载导致毁坏的实际过程，提出了最优结构设计……

参 数

　　参数也叫参变量，属于一个变量。具体来讲，在某几个变量的变化以及它们之间的相互关系中，有一个或一些变量叫自变量，另一个或另一些变量叫因变量。如果引入一个或一些另外的变量来描述自变量与因变量的变化，就把这样的变量叫做参变量或参数。参数是相对的，不是绝对的。

延伸阅读

菲尔兹奖

　　什么是菲尔兹奖？这要从诺贝尔奖说起。诺贝尔设立了物理学、化学、生物学、医学等科学奖金，但没有数学奖。这个遗憾后来由加拿大数学家菲尔兹弥补了。菲尔兹 1863 年生于加拿大渥太华，在多伦多上大学，而后在美国的约翰·霍普金斯大学得到博士学位。他于 1892～1902 年游学欧洲，以后重回多伦多大学执教。他在学术上的贡献不如作为一个科研组织者的贡献更大。1924 年菲尔兹成功地在多伦多举办 ICM（国际数学家会议）。正是在这次大会上，菲尔兹提出把大会结余的经费用来设立国际数学奖。1932 年苏黎世大会前夕，菲尔兹去世了。去世前，他立下遗嘱并留下一大笔钱也作为奖金的一部分。为了纪念菲尔兹，这次大会决定设立数学界最高奖——菲尔兹奖。1936 年在挪威的奥斯陆举行的 ICM 大会上，正式开始颁发菲尔兹奖。

　　每届 ICM 大会的第一项议程就是宣布菲尔兹奖获奖者的名单，然后授予获奖者一枚金质奖章和 1500 美元的奖金，最后由一些权威数学家介绍获奖者的业绩。这是数学家可望得到的最高奖励。

变幻万千的"形"

　　形的研究属于几何学的范畴，它舍弃了物体所有其他性质而只保留了空间形式和关系，所以它是抽象的。古代民族都具有形的简单概念，并往往以图画来表示。在现实世界中，数与形，如影之随形，难以分割。数是千奇百怪的，而形是变化万千的，二者相辅相成。有了多变的形，数不再枯燥，也有了更大的发展空间。实际上，变幻万千的"形"，不单单出现在学术书籍中，在大自然和日常生活中，也常见它们的"身影"。

▌▌▌神奇幻方

　　洛书古称龟书，相传在大禹治水的年代里，陕西的洛水常常大肆泛滥。洪水冲毁房舍，吞没田园，给两岸人民带来巨大的灾难。于是，每当洪水泛滥的季节来临之前，人们都抬着猪羊去河边祭河神。每一次，等人们摆好祭品，河中就会爬出一只大乌龟来，慢吞吞地绕着祭品转一圈。大乌龟走后，河水又照样泛滥起来。

　　后来，人们开始留心观察这只大乌龟。发现乌龟壳有 9 大块，横着数是 3 行，竖着数是 3 列，每一块乌龟壳上都有几个小点点，正好凑成从 1 到 9 的数字。可是，谁也弄不懂这些小点点究竟是什么意思。

　　有一年，这只大乌龟又爬上岸来，忽然，一个看热闹的小孩儿惊奇地叫了起来："多有趣啊，这些小点点不论是横着加，竖着加，还是斜着加，算出的结果都是 15！"人们想，河神大概是每样祭品都要 15 份吧，赶紧抬来 15 头猪和 15 头牛献给河神……果然，河水从此再也没泛滥。

撇开迷信，洛书确实有它迷人的地方。普普通通的 9 个自然数，经过一番巧妙的排列，就把它们每 3 个数相加和是 15 的 8 个算式，全都包含在一个图案之中，真是令人不可思议。

在数学上，像这样一些具有奇妙性质的图案叫做"幻方"。"洛书"有 3 行 3 列，所以叫 3 阶幻方。这也是世界上最古老的一个幻方。

构造幻方并没有一个统一的方法，主要依靠人的灵巧智慧，正因为如此，幻方赢得了无数人的喜爱。

历史上，最先把幻方当做数学问题来研究的人，是我国宋朝的著名数学家杨辉。他深入探索各类幻方的奥秘，总结出一些构造幻方的简单法则，还动手构造了许多极为有趣的幻方。被杨辉称为"攒九图"的幻方，就是他用前 33 个自然数构造而成的。

幻方不仅吸引了许多数学家，也吸引了许许多多的数学爱好者。我国清朝有位叫张潮的学者，本来不是搞数学的。却被幻方弄得"神魂颠倒"。后来，他构造出了一批非常别致的幻方。"龟文聚六图"就是张潮的杰作之一。

大约在 15 世纪初，幻方辗转流传到了欧洲各国，它的变幻莫测，它的高深奇妙，很快就使成千上万的欧洲人如痴如狂。包括欧拉在内的许多著名数学家，也对幻方产生了浓郁的兴趣。

欧拉曾想出一个奇妙的幻方。它由前 64 个自然数组成，每列或每行的和都是 260，而半列或半行的和又都等于 130。最有趣的是，这个幻方的行列数正好与国际象棋棋盘相同，按照马走"日"字的规定，根据这个幻方里数的排列顺序，马就可以不重复地跳遍整个棋盘！所以，这个幻方又叫"马步幻方"。

近百年来，幻方的形式越来越稀奇古怪，性质也越来越光怪陆离。现在，许多人都认为，最有趣的幻方属于"双料幻方"。它的奥秘和规律，数学家至今尚未完全弄清楚呢。

8 阶幻方就是一个双料幻方。

为什么叫做双料幻方？因为，它的每一行、每一列以及每条对角线上8个数的和，都等于同一个常数840；而这样8个数的积呢，又都等于另一个常数2058068231856000。

有个叫阿当斯的英国人，为了找到一种稀奇古怪的幻方，竟然毫不吝啬地献出了毕生的精力。

1910年，当阿当斯还是一个小伙子时，就开始整天摆弄前19个自然数，试图把它们摆成一个六角幻方。在以后的47年里，阿当斯食不香，寝不安，一有空就把这19个数摆来摆去，然而，经历了成千上万次的失败，始终也没有找出一种合适的摆法。1957年的一天，正在病中的阿当斯闲得无聊，在一张小纸条上写写画画，没想到竟画出一个六角幻方。不料乐极生悲，阿当斯不久就把这张小纸条搞丢了。后来，他又经过5年的艰苦探索，才重新画出了那个丢失了的六角幻方。

六角幻方得到了幻方专家的高度赞赏，被誉为数学宝库中的"稀世珍宝"。马丁博士是一位大名鼎鼎的美国幻方专家，毕生从事幻方研究，光4阶幻方他就熟悉880种不同的排法，可他见到六角幻方后，也感到是大开眼界。

过去，幻方纯粹是一种数学游戏。后来，人们逐渐发现其中蕴含着许多深刻的数学道理，并发现它能在许多场合得到实际应用。电子计算机技术的飞速发展，又给这个古老的题材注入了新鲜血液。数学家们进一步深入研究它，终于使其成为一门内容极其丰富的新数学分支——组合数学。

组合数学

　　组合数学又称为离散数学。狭义的组合数学也称组合模型，主要研究满足一定条件的组态的存在、计数以及构造等方面的问题。由于计算机所处理的对象是离散的数据，所以离散对象的处理就成了计算机科学的核心，而研究离散对象的科学恰恰就是组合数学，所以，组合数学在计算机出现以后得到了迅速发展。

 延伸阅读

杨辉与幻方

杨辉是我国数学史上第一位对幻方进行系统数学探讨的数学家。

一天，杨辉出外巡游，有位孩童不让过，说等他把题目算完后才让走，要不就绕道。杨辉一看来了兴趣，连忙下轿抬步，来到前面，摸着孩童的头说："为何不让本官从此处经过？"

孩童答道："不是不让经过，我是怕你们把我的算式踩掉，我又想不起来了。"

"什么算式？"

"就是把1到9的数字分三行排列，不论直着加，横着加，还是斜着加，结果都是等于15。我们先生让下午一定要把这道题做好。我正算到关键之处。"

杨辉连忙蹲下身，仔细地看那孩童的算式，觉得这个数字，从哪见过，仔细一想，原来是西汉学者戴德编纂的《大戴礼》书中所写的文章中提及的。

杨辉和孩童俩人连忙一起算了起来，直到天已过午，俩人才舒了一口气，结果出来了，他们又验算了一下，觉得结果全是15，这才站了起来。

杨辉回到家中，反复琢磨，一有空闲就在桌上摆弄着这些数字，终于发现一条规律。杨辉把这条规律总结成四句话："九子斜排，上下对易，左右相更，四维挺出。"就是说：一开始将9个数字从大到小斜排3行，然后将9和1对换，左边7和右边3对换，最后将位于四角的4、2、6、8分别向外移动，排成纵横3行，就构成了九宫图。

后来，杨辉又将散见于前人著作和流传于民间的有关这类问题加以整理，

得到了"五五图""六六图""衍数图""易数图""九九图""百子图"等许多类似的图。

奇妙的蜂房

　　蜜蜂是大自然的天生数学家，是个有着极高智慧的建筑师。

　　蜜蜂用蜂蜡建造起来的蜂巢里是一座既轻巧又坚固，既美观又实用的宏伟建筑。达尔文还曾经对蜂巢的精巧构造大加赞扬。看上去蜂巢好像是由成千上万个六棱柱紧密排列组成的。从正面看过去，的确是这样，它们都是排列整齐的正六边形。但是就一个蜂房而言，并非完全是六棱柱，它的侧壁是六棱柱的侧面，但棱柱的底面是由3个全等菱形组成的倒角锥形。两排这样的蜂房，底部和底部相嵌接，就排成了紧密无间的蜂巢。

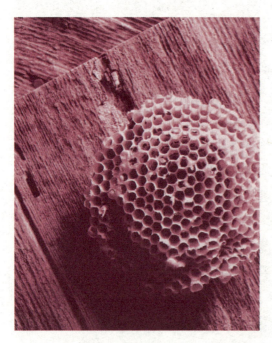

蜂　房

　　早在公元前300年前后，亚历山大的巴鲁士就研究过蜜蜂房的形状，他认为六棱柱的巢是最经济的结构。

　　从外表看，许许多多的正六边形的洞完全铺满了一个平面区域，每一个洞是一个六棱柱的巢的入口。

　　在这些六棱柱的背面，同样有许多形状相同的洞。如果一组洞开口朝南，那么另一组洞的开口就朝北。这两组洞彼此不相通，中间是用蜡板隔开的。奇特的是这些隔板是由许多大小相同的菱形组成的。

取一个巢来看，形状如下图所示，正六边形 $ABCDEF$ 是入口，底是三个菱形 $A_1B_1GF_1$、$GB_1C_1D_1$、$D_1E_1F_1G$。这些菱形蜡板同时是另一组六棱柱洞的底，三个菱形分属于三个相邻的六棱柱。

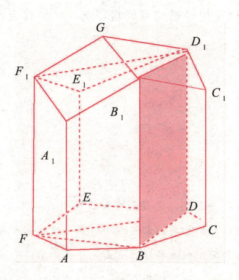

历史上不少学者注意到了蜂房的奇妙结构。例如著名的天文学家开普勒，就说这种充满空间的对称的蜂房的角应该和菱形十二面体的面一样。另一个法国的天文学家马拉尔第经过详细的观测研究后指出：菱形的一个角（$\angle B_1C_1D_1$）等于 $109°28'$。

法国自然哲学家列俄木作出一个猜想，他认为用这样的角度来建造蜂房，在相同的容积下最省材料。于是请教瑞士数学家可尼希，他证实了列俄木的猜想。但计算的结果是 $109°26'$ 和 $70°34'$，和实际数值有 $2'$ 之差。

列俄木非常满意，1712 年将此结果递交科学院，人们认为蜜蜂解决这样一个复杂的极值问题只有 $2'$ 的差，是完全可以允许的。可尼希甚至说蜜蜂解决了超出古典几何范围而属于牛顿、莱布尼茨的微积分范畴的问题。

可是事情还没有完结。1743 年，苏格兰数学家麦克劳林在爱丁堡重新研究蜂房的形状，得到更惊人的结果。他完全用初级数学的方法，得到菱形的钝角是 $109°28'16''$，锐角是 $70°31'44''$ 和实测的值一致。这 $2'$ 的差，不是蜜蜂不准，而是数学家可尼希算错了。他怎么会算错呢？原来所用的对数表

印错了。

生物现象常常给我们很大的启发。马克思说得好："蜜蜂建筑蜂房的本领使人间的许多建筑师感到惭愧。但是最蹩脚的建筑师从一开始就比最灵巧的蜜蜂高明的地方是，他在用蜂蜡建筑蜂房以前，已经在自己的头脑中把它建成了。"

棱柱

棱柱是最简单的多面体，是有两个面互相平行，其余各面都是四边形，并且每相邻两个四边形的公共边都互相平行，由这些面所围成的多面体。棱柱中两个互相平行的面，叫做棱柱的底面。棱柱中除两个底面以外的其余各个面都叫做棱柱的侧面。棱柱中两个侧面的公共边叫做棱柱的侧棱。棱柱有多个种类。

 延伸阅读

飞行器上的"蜂房"结构

随着航空、航天等航天工业突飞猛进的发展，航空科学家遇到了一个令他们感到十分棘手的问题，那就是结构强度和结构重量之间的矛盾。两者应该相辅相成，而又相互制约。为了获得最轻的重量，而又具有最大强度的结构，科学家除了在物质高强度的材料上下功夫之外，还必须选择最合理的结构形式。

航空科学家们经过长期寻觅，最终从蜂房那里得到了灵感，受到了启发，他们把飞行器上的一些至关重要的部件设计制作成了"蜂房"结构，事实表明，这种"蜂房"结构部件经受住了严峻的考验。

地球有多大

公元前 3 世纪,有位古希腊数学家叫埃拉托斯芬。他才智高超,多才多艺,在天文、地理、机械、历史和哲学等领域里,也都有很精湛的造诣,甚至还是一位不错的诗人和出色的运动员呢。

人们公认埃拉托斯芬是一个罕见的奇才,称赞他在当时所有的知识领域都有重要贡献,但又认为,他在任何一个领域里都不是最杰出的,总是排在第二位,于是送他一个外号"贝塔",意思是第二号。

能得到"贝塔"的外号是很不容易的,因为古代最伟大的天才阿基米德,与埃拉托斯芬就生活在同一个时代!他们两人是亲密的朋友,经常通信交流研究成果,切磋解题方法。大家知道,阿基米德曾解决了"沙粒问题",算出填满宇宙空间至少需要多少粒沙,使人们瞠目结舌。大概是受阿基米德的影响吧,埃拉托斯芬也回答了一个令人望而生畏的难题:地球有多大?

怎样确定地球的大小呢?埃拉托斯芬想出一个巧妙的主意:测算地球的周长。

阿基米德

埃拉托斯芬生活在亚历山大城里,在这座城市正南方的 785 千米处,另有一座城市叫塞尼。塞尼城中有一个非常有趣的现象,每年夏至那天的中午 12 点,阳光都能直接照射城中一口枯井的底部。也就是说,每逢夏至那天的正午,太阳就正好悬挂在塞尼城的天顶。

TANSUO SHUXUE DAGUANYUAN

亚历山大城与塞尼城几乎处于同一子午线上。同一时刻，亚历山大城却没有这样的景象，太阳稍稍偏离天顶的位置。一个夏至日的正午，埃拉托斯芬在城里竖起一根小木棍，动手测量天顶方向与太阳光线之间的夹角，测出这个夹角是 7.2°，等于 360° 的 1/50。

由于太阳离地球非常遥远，可以近似地把阳光看做是彼此平行的光线。于是，根据有关平行线的定理，埃拉托斯芬得出了 ∠1 等于 ∠2 的结论。

在几何学里，∠2 这样的角叫做圆心角。根据圆心角定理，圆心角的度数等于它所对的弧的度数，因为 ∠2=∠1，它的度数也是 360° 的 1/50，所以，表示亚历山大城和塞尼城距离的那段圆弧的长度，应该等于圆周长度的 1/50。也就是说，亚历山大城与塞尼城的实际距离，正好等于地球周长的 1/50。

于是，根据亚历山大城与塞尼城的实际距离，乘以 50，就算出了地球的周长。埃拉托斯芬的计算结果是：地球的周长为 39 250 千米。

这是人类历史上第一次进行这样的测量。

知识点

夏　至

夏至是二十四节气之一，古时又称"夏节""夏至节"，时间为每年公历 6 月 21 日或 22 日。夏至这天，太阳直射地面的位置到达一年的最北端，几乎直射北回归线，此时，北半球的白昼最长，且越往北白昼时间越长。

 延伸阅读

阿基米德解决"沙粒问题"

我们已经知道，数的出现是靠数的操作。对于十几个、几十个、几百个甚

至上千个，人们还是能够对付的，虽然在直观上不太明显。可是有许多事物是数不胜数的，最典型的例子是海中的沙粒。在《圣经》中，海中的沙粒被认为是不可数的，这也就是原始的无穷多的概念。

可是，早在公元前3世纪，古希腊大数学家、大科学家阿基米德就提出过异议，他专门写了一本书，书名称《计沙术》，其中写道："有人认为沙粒是不可数的，我所说的沙粒不仅是叙拉古的和西西里岛其他地方的沙粒，而且所有地方的沙粒，不管这个地方有人还是没人居住。还有的人不认为沙粒是无穷多的，他不相信比沙粒数还大的数已经命名……但是我力图用几何的论据来证明，在我给宙希波的信中所命名的那些数里面，有的数不仅比地球上的沙粒数目还大，而且比全宇宙的沙粒数目还大。"

这样一来，人们必须来对付大数，而在位值制还没有很好建立的时代，就得给每个10的幂次一个特殊的名称。在这方面，印度走得最远，其中许多随佛教传到中国和日本，从个、十、百、千、万出发，又有表示大数的特殊词汇，亿、兆、京、核之外又有多种多样的表示，例如极$=10^{48}$（也就是1后面有48个0），恒河沙$=10^{52}$，阿增祇$=10^{56}$，那么它$=10^{60}$，不可思议$=10^{64}$，无穷大数极$=10^{68}$。写完无穷大一方，还有无穷小一方，除了分、厘、毫、丝、忽、微之外一直到虚$=10^{-20}$，空$=10^{-21}$，清$=10^{-22}$，净$=10^{-23}$，1立方厘米只有1个分子当然够清净的。

这些对表示宇宙中数量大体上是够了。从弦论出发，宇宙的量级80级左右，从10^{-40}到10^{40}。不过，数学家可以想象任何大的数。为此，又加上有名的两个超级大数：一个是古戈尔（googol），它等于10^{100}，也就是10的后面还有99个零，另一个是古戈尔普莱克斯（googolplex），它等于10^{10000}，它大得已经无法用语言来形容了，因为我们常说的天文数字比起它来真是小巫见大巫了。不过数字不管怎么大，总可以用10的幂来表示，因此现代人也不再操心为每个数取一个特殊的名字了。

生活中的万千妙"形"

螺旋蚊香

蚊香虽是一种除害灭蚊的药品，但就其形状来讲，却有着很奇妙的地方。

一袋蚊香，像一个圆面，但又不完全一样。分开来，便成完全一样的两盘，每一盘的形状好像海螺的外壳，它绕着"中心"一边旋转，一边又向外伸展，我们叫它螺线，蚊香为什么要盘成螺线形状呢？

螺旋蚊香

原来蚊香形状是根据二心渐伸螺线设计的。它除了十字线的中心 O 外，还有两个心为 O_1 和 O_2，O_1 和 O_2 相距 7 毫米。实际上，这条螺线是由很多以这两个心为圆心的半圆弧光滑地连接起来的。起点与邻近一心的距离为 8 毫米。每盘蚊香粗 7 毫米，两条边缘也都是二心渐伸螺线，只是起点不同，它们与中心线起点各相距 3.5 毫米。

蚊香盘成这样形状有许多好处。首先，它的长度适中，905 毫米，约可点燃 7.5～8 小时，这样既不至于半夜就烧完，又可避免不必要的浪费。且占地面积小，不易折断，便于包装、运输。其次，由于做成了螺线形状，它一边旋转，一边渐伸出去，相邻两圈之间又有一定空隙，蚊香燃烧尽，不会延及另外一圈。再次，我们在制作时，只要设计尺寸恰当，就可使空隙之处正好又做一盘，一举"两得"，实在很奇妙。

扁形运液筒

生活中我们经常见到，运油汽车背脊上的大桶，多数呈椭圆形状，即它的两个底面都是椭圆。为什么汽车上的大桶要做成椭圆形状呢？

原因主要是在于容积相同的条件下，椭圆形桶与长方体形的桶相比较用料上要节约一些。除了节省材料的原因之外，还有一个强度问题。椭圆桶的外受力比较均匀，牢固而且不易撞坏。而长方体的棱角多，焊接多棱处受力特别大，容易破裂。所以汽车运输液体的桶一般不做成长方体的形状。

再与圆柱桶相比较。仍在容积相同的条件下，圆柱桶比椭圆省料。如果单从节省材料的角度看，应该把桶底做成圆形的，但由于圆柱桶要比椭圆桶高和狭，它的重心比较高，不稳定，两边还要用支架，汽车的宽度也不能充分利用。

综上所述，椭圆桶较省料，又牢固，重心低，比较稳。这就是运油汽车背脊上的大桶做成椭圆形的道理。

六角螺丝帽

对螺丝帽，我们并不陌生，生活中经常见到。螺丝帽有好几种形状，最常见的是正六角形，有时也可看到正四边形、正八边形等等。

螺丝帽

螺丝帽为什么不做成圆形呢？因为机器开动时总会发生振动。因此，螺帽装到机器上去时，必须用"扳手"紧紧地拧住它。否则，由于机器的振动，螺帽就有可能自己松动而脱落下来，机器就会损坏，甚至造成严重的事故。螺帽做成圆形，虽然可以节省材料，制造也比较方便，但圆的螺帽用扳手不好拧，因而螺帽一般不做成圆形。

那么，又为什么螺帽绝大多数是正四六八角形（边数是偶数），而不做成三五七角形（边数是奇数）呢？原来，工人师傅拧螺帽时常用的工具活动扳手"张口"上的"嘴唇"是平行的。当螺帽的边数是偶数时，它的对边平行，可以用活动扳手"咬"住，而把它拧紧；而当边数是奇数时，由于没有两边平行的，用活动扳手就无法拧紧。所以，一般不做奇数边正多边形的螺帽。

现在我们再来分析一下为什么大多数螺帽都做成六角形，而只有极少数做成四角形或其他形状。原因就在于用同样半径的圆制作六角螺帽和四角螺帽，前者留下的面积大，切掉少，能充分利用材料。所以，日常生活中，我们所见到的多是正六角形的螺丝帽了。

弧形滑梯

有两条滑梯：一条的滑道是斜线；另一条的滑道是弧线。如果有甲乙两个体重相等的小孩儿同时从滑梯顶部 O 点往下滑，甲沿着斜线滑道下滑，乙沿着弧线滑道下滑，那么哪个小孩儿先滑到底部 A 点呢？

一般人认为，甲滑过的路程是直线，路程最短，所以甲孩儿先到达 A 点。这样分析是错误的。因为谁能最先到达底部，不但与路程长短有关，还与滑行的速度有关。

甲沿着斜线 OA 下滑，是做匀速运动，速度从 O 开始，缓慢而均匀地增大；乙沿弧线下滑速度也是从 O 开始，但刚开始就是一段陡坡，速度迅速增大，使得乙的滑行速度比甲快，虽然比甲多走了一些路，但究竟谁先到终点就难说了。科学家研究后发现，只要将弧形滑梯设计成摆线形，就可以成为滑得最快的滑梯。

这个寻找"最速降线"的问题，最初是由瑞士数学家约翰·伯努利提出的。后来经他和牛顿、莱布尼茨、雅各布、伯努利等人的努力，发现侧着倒放的摆线弧下滑，比任何曲线都快。这一问题的解决，为后来发展成一门非常有用的数学新分支——变分法奠定了基础。

最速降线在建筑中也有着美妙的应用。我国古建筑中的"大屋顶"，从侧面看上去，"等腰三角形"的两腰不是线段，而是两段最速降线。按照这样的原理设计，在夏日暴雨时，可以使落在屋顶上的雨水，以最快的速度流走，从而对房屋起到保护的作用。

竖立的三脚架

三角架有许多用处：摄影爱好者用它来支撑照相机，露营野炊者用它来做烧水做饭的支架……为什么要做成三角架形状的呢？三角架的秘密在哪里呢？

秘密就在于三角架利于稳定。用它来做支架，可以有效地保持所支撑的物体稳定性。

三角架简单实用，但使用时必须注意，三角架的"头"应处在它的三只"脚"所构成的三角形之中，这样才稳定。若"头"偏出了三只"脚"所在的三角形区域外，那么三角架就会翻倒。这是因为任何物体都有一个重心，如果物体的重心越出物体支撑点范围，物体就会不稳甚至翻倒。要使三角架稳定，就应该使它的"头"落在它的支撑点的范围——三角架的"脚"所构成的三角形之内。所以正确掌握重心位置是物体稳定的关键，表演杂技顶花瓶的演员正是利用了这一道理，才会有惊人的表演。演员把一根木棒顶在放有花瓶、茶杯等东西的玻璃板下，使得玻璃板上的重心落在木棒上，玻璃板上的花瓶、茶杯等就不会翻转。

一般可以用几何作图求三角形的重心，在三角形 ABC 的三条边 AB、BC、AC 上，分别找到它们的中点 D、E、F，连接 AE、BF、CD，那么这三条线必相交于一点 O，O 点就是这个三角形的重心。

跑道的弯与直

学生时代，经常要参加长跑比赛，有学校组织的，也有校外组织的，但很多学生包括很多成人并不知道田径场的跑道为什么要设计成两头是半圆形的，而中间的两边却是直的。

设想一下，如果跑道全部是直的，运动员赛跑时可以不必侧着身子急速地转弯，这当然很好。可是运动项目中有几千米甚至几万米的长跑，如果要在田径场上进行这种比赛，而跑道又全部是直的话，那么，这个田径场将要有多大！所以跑道全部是直的是不现实的。

TANSUO SHUXUE DAGUANYUAN

那么，跑道设计成圆形，使长跑绕着圈子进行，行不行呢？圆形跑道的好处是可以大大减少占地面积。但这样一来，运动员在奔跑时要时刻改变奔跑的方向，始终处于侧着身体的状态，不能充分发挥赛跑水平，而且百米赛跑也只能在弯道上进行，这当然不行，再说，如果圆形跑道一圈是400米，那么它的直径约为127米。

对于这样的尺寸，要在田径场内同时举行标枪、铁饼、手榴弹等项目的比赛，就显得不够大了，而且举行足球赛时宽度够了，长度却不够。造成长方形行呢？更不行，因为在转角处，运动员要在急跑的情况下突然改变运动方向，向左转90°，这好比快车急转弯，十分危险。要想运动员不摔倒，又能让其发挥出水平，比较理想的田径场跑道应该是两头圆的中间直的。

平面花砖铺设

随着人们生活水平的提高，许多人喜欢用装饰用的花砖来铺设地面，这在数学里是一门学问，叫做平面花砖铺设问题，也叫做镶嵌图案问题。即采用单一闭合图形拼合在一起来覆盖一个平面，而图形间没有空隙，也没有重叠。什么样的图形能够满足这样的条件？

先来看看正多边形，这是大家熟悉的图形。很明显，正方形是可以覆盖一个平面的。

再来看看正三角形，正三角形也是可以覆盖一个平面的。

正六边形也是可以覆盖一个平面的，这不仅早在古希腊时就为人们所确认，而且昆虫中的蜜蜂就是用正六边形来建造蜂巢的。

为什么正方形、正三角形、正六边形能够覆盖一个平面？因为过每一个正方形公共顶点的正方形有四个，每个正方形的每个内角为90°，4个90°正好是360°。过每一个正三角形顶点可安排六个正三角形，每个内角60°，共为360°。同样，过每个正六边形顶点有三个正六边形，每个内角为120°，三个内角正好为360°，由此可知，要使正多边形能覆盖平面，必须要求这个正多边形的内角度数能整除360°。

正五边形的每一个内角为108°，108°不能整除360°，所以正五边形不能覆盖平面，不难看出，超出六边的正多边形的每一个内角大于120°，小于180°，都不能整除360°，因此，都不可能覆盖平面。这样看来，能覆盖平面的正多边形只有正方形、正三角形、正六边形三种。

现在，我们来看看不规则的多边形能不能覆盖平面。事实上，任何不规则的三角形和四边形都可以覆盖一个平面。

圆形管道口径

管道，我们在生活中经常见到，如自来水管、煤气管、污水管……等都是。如果你去过化工厂的话，厂里各种管道纵横交错的现场，一定会给你留下深刻的印象。这些管道的粗细虽然不全一样，但它们口径的形状却都是圆的，这是为什么呢？这就涉及一个问题，周长一定的管道截面，成何种形状时，才能使管道截面的面积最大，流量也最大。这也是数学上有名的等周问题：周长一定的平面图形中，以哪种形状的面积为最大。对这个问题的回答是：当制造管道的材料一定时，那么当口径做成圆形时流量最大。

根据这一等周定理，不仅是管道，还有其他许多东西都是做成圆的。例如，食品罐头、各类瓶子、杯子、烟囱等等。另外，你可曾见过这种现象：雨过天晴，汽车身上偶尔淌下的油滴，浮在柏油路的水面上，竟会反射出五光十色的美丽色彩来。你再仔细观察一下，还会发现这一圈圈的油滴，不论大小如何，却都是圆的！原来，这是油的表面张力遵循等周原理的结果。

彩虹般的拱桥

桥有各式各样的形状，有一类桥，它们的形状犹如缤纷的彩虹，飞架在江河之上，十分美丽，人们称它为拱桥，许多桥为什么要造成拱形的呢？

之所以把桥建设成拱形，这不单是拱桥形状好看，更重要的是拱桥有许多优点。如果在一根平直的横梁上面加压重量，就可以看到，梁的中部最容易弯曲甚至折断，而且从它的断面可以看出，梁的底部是被拉力拉断的，梁的上部是被压力压坏的，这样拉力和压力总和加起来，就是通常所说的"弯力"。如果我们把梁柱改为拱形，而且外加压力作用下产生的"弯力"就能沿着拱圈传

送到支座，并经过支座传送到地下。这样，"弯力"对拱桥本身的影响就可以大大减小。如果拱的曲线形状设计得恰当，"弯力"影响可以减少到最低程度，甚至为零。

安济桥

正是由于上面所说的原理，所以许多桥都造成拱形的。如世界闻名的安济桥在我国有着悠久的历史，在漫长的岁月里，它饱经风霜，车辆重压，洪水冲击，地震摇撼的考验，至今仍矫健屹立。

伞形太阳灶

现在，太阳灶已不是什么新鲜物件了，很多农村也都使用上了。太阳灶利用太阳辐射出来的热量，可以烧水、煮饭、炒菜。它的原理在于太阳灶有一个聚光的装置，它能将太阳光反射集中到一个地方，使这个地方的温度达到几百摄氏度。这样，只要在这个地方放上一个锅，就可以烧水、煮饭、炒菜了。

可是，道理说起来简单，而要使太阳反射点会达到足够高的温度却不那么容易。这还要借助于太阳灶的伞形聚光镜，太阳灶的伞形聚光镜呈旋转抛物面，这是由抛物线绕着它的轴旋转一周而成的。为什么旋转抛物面有这么大本领呢？原来，它是利用了光在曲面上反射具有的选择最短路线的性质，让入射到抛物面上的平行轴向太阳光会聚到焦点上去，使焦点处的温度大大提高了。这就是伞形太阳灶能烧水、煮饭、炒菜的数学和物理原理。

知识点

等周定理

等周定理又称等周不等式，是一个几何学中的不等式定理，其中的"等周"指的是周界的长度相等。等周定理说明在周界长度相等的封闭几何形状之中，以圆形的面积最大；另一种表述是面积相等的几何形状之中，以圆形的周界长度最小。

延伸阅读

圆柱螺旋线的妙处

把一张直角三角形的纸卷到一个圆筒上，斜边就形成一条螺旋线。因为这种螺旋线是在圆柱上形成的，所以叫做圆柱螺旋线。

圆柱螺旋线的用处很大。我们坐的沙发，里面的弹簧；工厂里一些机器里有螺丝杠螺纹等，都是圆柱螺旋线。圆柱形建筑物的楼梯，往往也是圆柱螺旋线，绕着圆柱建筑物盘旋而上。

圆柱螺旋线不仅为人类广泛应用，就连许多动植物也用到它。

仔细观察飞蛾飞的一种轨迹，它经常由上往下或由下往上沿着一条圆柱螺旋线飞行，这是为什么？原来，飞蛾为了保存自己的生命，当它发现它的大敌——蜻蜓、蝙蝠等风驰电掣般地向它飞来，以致生命危在顷刻时，飞蛾就迅速沿着圆柱螺旋线飞去。这样飞法，使它的位置上下左右时刻在变化着，就不容易被天敌所吞食。

　　牵牛花是一种蔓生植物，它常缠绕在其他直立较粗壮的植物主干上向上爬，形成一条圆柱螺旋线，牵牛花为什么要按圆柱螺旋线去向上爬呢？因为植物生活需要阳光，只有长得更快，爬得更高，才能不被其他植物遮在下面，获得较多的阳光。牵牛花也是这样，它也要爬快爬高，可它自己枝干非常细弱，无法爬得高，于是只有缘着别的植物枝干向上爬。而一般植物主干近似圆柱形，所以牵牛花在这种主干上爬出来的曲线就是一条圆柱形螺旋线。展开圆柱侧面，就可以看到主干上圆柱螺旋线的一个"周期"正好是侧面展开矩形的对角线。因为两点间以连接这两点的线段为最短，所以可以看出牵牛花也是按照数学最小值的原理来达到自己的目的的。

经典数学名题

一道经典数学题，带给人的绝不应仅仅只是难度方面的，它引发的效应应是多层面的，纵观古今中外的数学名题，莫不具有这个特征。它或者开辟了一个新的研究或应用领域，或者引发了一场学术革命，再或者大大启迪了学者们的思维，从而为新的理论诞生奠定了思想基础。总之，数学这个大学科因有了经典数学名题的"参与"而更加精彩。

盈不足术

英国有个研究中国科技史的专家李约瑟，曾引用一个故事，故事是讲唐代大官杨埙提拔官员的经过。他让两个资格职位相同的候选人解答下面这个问题，谁先答出就提拔谁。

"有人在林中散步，无意中听到几个强盗在商量怎样分配抢来的布匹。若每人分6匹，就剩5匹；若每人分7匹，就差8匹。问共有强盗几个？布匹多少？"

实际上，这个问题可看做二元一次方程组问题。问题的特点是给出两种分配方案，一种分法分不完，一种分法不够分。

在《九章算术》一书中就搜集许多这类问题，列为一章，这章的标题是"盈不足"。各题都有完整的解法，后人称这解法为"盈不足术"。

上面提到的问题，如果用方程组解，是下面这样的，设强盗人数为 X，布匹总数为 Y，则有：

$$Y=6X+5$$
$$Y=7X-8$$

解得：

$$X=(8+5)/(7-6)=13$$
$$Y=(7\times5+6\times8)/(7-6)=83$$

上述解法可以概括为两句口诀：有余加不足，大减小来除。

盈不足术，在我国数学发展史上，有着很悠久历史，是一个原始的解题方法，现在高等数学中求方程式实根近似值的假借法就是由古代的盈不足术发展而来的，但当时及后来的中国数学家并不十分重视。不过它流传到中亚细亚和欧洲之后，在欧洲代数学没有发达之前，曾广泛用这个方法解决代数学上的问题有好几百年，所以盈不足术在世界数学史上是有光荣的地位的。

盈不足术，刘徽称它为"朒朓术"。"朒朓"这两个字都是出自月球的运动，第一个字意指残月的最后一次出现，第二个字则指新月的首次出现。

《孙子算经》有讨论类似的问题，如第 29 题：

"今有百鹿入城，家取一鹿不尽。又三家共一鹿适尽。问城中家几何？"

答数：75 家。

第 31 题："今有鸡兔同笼，上有三十五头，下有九十四足。问鸡兔各几何？"答数：鸡 23 只，兔 12 只。

术文："上置三十五头，下置九十四足，半其足得四十七。以少减多，再命之，上三除下四上五除下七。下有一除上三，下有二除上五，即得。"

在成书于公元 484 年后的《张邱建算经》，里面也有关于用盈不足术解的算术问题，例如它的上卷第一章 24 题：

"今有绢一匹买紫草三十斤，染绢二丈五尺。今有绢七匹，欲减买紫草，还自染余绢。问减绢，买紫草各几何？"

南宋时杨辉在 1261 年写的《详解九章算法》将《九章算术》246 问题中的 80 题进行详解，对盈不足术还添上别种算法。

南宋秦九韶写的《数书九章》卷十六第6题"计造军衣"是盈，两盈，一朒一足三个问题并列构成。

"问库有布、棉、絮三色，计料欲制军衣。其布：六人八匹少一百六十匹。七十九匹剩五百六十尺。其棉：八人一百五十两，剩一万六千五百两，九人一百七十两，剩一万四千四百两。其絮：四人一十三斤，少六千八百四十斤，五人一十四斤，适足。欲知军士及布、棉、絮各几何？"

秦九韶给出下列五步计算：

①置人数于左右之中，置所给物名于其上，置盈数各于其下。

$$
\begin{array}{ccc}
布 & 9 & 8 \\
人 & 7 & 6 \\
盈 & 560 & 160 \\
\end{array}
$$

②令维乘之。先以人数互乘其所给率，相减余为法，次以人数相乘为寄。

$$
\begin{array}{ccc}
法 & & 2 \\
未减 & 54 & 56 \\
寄 & & 42 \\
盈朒 & 560 & 160 \\
\end{array}
$$

③后以盈互乘其上未减者。

$$
\begin{array}{ccc}
法 & & 2 \\
上 & 8640 & 31360 \\
寄 & & 42 \\
盈朒 & 560 & 160 \\
\end{array}
$$

④以上下皆并之，其上并之为物实，其下并之乘寄为兵实。

$$
\begin{array}{cc}
法 & 3 \\
物实 & 40000 \\
兵实 & 30240 \\
\end{array}
$$

⑤二实皆如法而一。

$$
\begin{array}{cc}
布 & 20000 \\
兵 & 15120 \\
\end{array}
$$

秦九韶考虑的问题一般形式是："a_1 人出 x_1 盈 y_1，a_2 人出 x_2 不足 y_2，问人，物各几何。"如果定人数为 p，物数为 q，则相当于求解方程组：

$$\frac{x_1}{a_1}p = q - y_1$$

$$\frac{x_2}{a_2}p = q - y_2$$

秦九韶的方法相当于给出方程组的解：

$$p = \frac{a_1 a_2 \left(y_2 - y_1 \right)}{a_2 x_1 - a_1 x_2}$$

$$q = \frac{a_1 x_2 y_1 + a_2 x_1 y_2}{a_2 x_1 - a_1 x_2}$$

《九章算经》的盈朒问题相当于 $a_1 = a_2 = 1$ 这一特殊形式。后世数学家称秦九韶这类问题为"双套盈朒"的问题。在 1424 年刘仕隆的《九章通明算法》，1450 年吴信民的《九章比类算法》都有考虑"双套盈朒"的问题。1593 年程大位写的《算法统宗》也考虑"双套盈朒"的问题。中国的这种算法随着丝绸之路而传到中亚、西亚的伊斯兰教国家。阿拉伯人称为"震旦算法"。

《孙子算经》

　　《孙子算经》是《算经十书》中的一本，作者与出版年代不详，估计是公元 400 年左右的数学著作。它是一部直接涉及乘除运算、求面积和体积、处理分数以及开平方和开立方的著作。对筹算的分数算法和筹算开平方法以及当时的度量衡体系，都做了描绘。

延伸阅读

秦 九 韶

秦九韶，字道古，汉族，生于 1208 年，卒于 1261 年，南宋著名数学家，与李冶、杨辉、朱世杰并称宋元数学四大家。秦九韶精研星象、音律、算术、诗词、弓剑、营造之学，著有《数书九章》一书。《数书九章》全书九章十八卷，是我国古代一部重要的学术专著，内容丰富至极，包括上至天文、星象、历律、测候，下至河道、水利、建筑、运输，各种几何图形和体积等。其中许多计算方法和经验常数直到现在仍有很高的参考价值和实践意义，被誉为"算中宝典"。另外，大衍求一术、三斜求积术和秦九韶算法是具有世界意义的重要贡献，其学术水准达到了当时世界数学的最高水平。

回文等式

经过后人的研究，在洛书横三行中，每两个数组成一个两位数，三个数的和与它们的逆序数的和相等：

$$49+35+81=18+53+94（=165）$$
$$92+57+16=61+75+29（=165）$$

把被中间一行隔开的两个数组成三个两位数，它们仍具备这种性质：

$$42+37+86=68+73+24（=165）$$

更为奇妙的是，将这个式的各个加数都平方，这种相等的性质仍不变。

$$42^2+37^2+86^2=68^2+73^2+24^2（=10529）$$

这种等式如同文学作品中的回文，因而称做"回文等式"。

竖三行的数字，若也依此组合，是否有此特征呢？事实证明同样如此！

$$43+95+27=72+59+34（=165）$$

$$38+51+76=67+15+83（=165）$$

被中间一列隔开的两数，组成后，同样本性不改：

$$48+91+26=62+19+84（=165）$$

$$48^2+91^2+26^2=62^2+19^2+84^2（=11261）$$

是不是很奇妙，但更奇妙的还在后边。

这一次，咱们只用四个角上的数组成四个两位数。其他数暂且不管它：

$$48+86+62+24=42+26+68+84（=220）$$

仍是个回文等式。

将各个加数都平方。再试试：

$$48^2+86^2+62^2+24^2=42^2+26^2+68^2+84^2（=14120）$$

还是个回文等式！

再将各个加数立方看看。

$$48^3+86^3+62^3+24^3=42^3+26^3+68^3+84^3（=998800）$$

还是个回文等式！

这次，把四个角上的数弃之不用了，只用各边中间的数字组数：

$$31+17+79+93=39+97+71+13（=220）$$

将加数平方：

$$31^2+17^2+79^2+93^2$$
$$=39^2+97^2+71^2+13^2$$
$$（=16140）$$

将加数立方：

$$31^3+17^3+79^3+93^3$$
$$=39^3+97^3+71^3+13^3$$
$$（=1332100）$$

依然是会文等式。

以 5 为中心横、竖、斜四个三位数的和也构成回文等式：

$$951+357+258+654$$
$$=456+852+753+159$$
$$（=2220）$$

如果把各个加数都平方，它们的和仍相等：

$$951^2+357^2+258^2+654^2$$
$$=456^2+852^2+753^2+159^2$$
$$(=1526130)$$

只用横三行的三个三位数试试，看结果如何。

$$492+357+816=618+753+294 （=1665）$$

仍是回文等式！

把各个加数也都平方：

$$492^2+357^2+816^2$$
$$=618^2+753^2+294^2$$
$$(=1035369)$$

还是个回文等式！

竖三列的三个三位数，是否也有此特征呢？经验证，同样如此！

$$438+951+276=672+159+834 （=1665）$$
$$438^2+951^2+276^2=672^2+159^2+834^2 （=1172421）$$

如果说，上面的一些式子使我们感到奇妙，那么下面的一些变化，将令人震惊：

我们来变化一下上面已组合成的式子，如：

$$951^2+357^2+258^2+654^2$$
$$=456^2+852^2+753^2+159^2$$
$$(=1526130)$$

对这些数进行"宰割"、"腰斩"，即将每个数的任一个相同数位上的数字都"割去"，让剩下的数字组成数，请看：

1. 都割去百位数：

$$51^2+57^2+58^2+54^2=56^2+52^2+53^2+59^2 （=12130）$$

2. 都割去十位数：

$$91^2+37^2+28^2+64^2=46^2+82^2+73^2+19^2 （=14530）$$

3. 都割去个位数：

$$95^2+35^2+25^2+65^2$$
$$=45^2+85^2+75^2+15^2$$
$$(=15100)$$

依然是回文等式！

把每个数的前两位都砍掉，只保留个位数，回文等式的特性仍然存在：

$$1^2+7^2+8^2+4^2=6^2+2^2+3^2+9^2 \quad (=130)$$

再将后两位砍掉，只保留原来的百位数：

$$9^2+3^2+2^2+6^2=4^2+8^2+7^2+1^2 \quad (=130)$$

回文等式依然成立！

回　文

回文也叫回环，属于文学中常用的一种文字技巧，是指把相同的词汇或句子，在下文中调换位置或颠倒过来，产生首尾回环。回环运用得当，可以表现两种事物或现象相互依靠或排斥的关系。

 延伸阅读

有趣的回文诗

回文诗是一种按一定法则将字词排列成文，回环往复都能诵读的诗。这种诗的形式变化无穷，非常活泼。能上下颠倒读，能顺读倒读，只要循着规律读，都能读成优美的诗篇。

回文诗有很多种形式，如"通体回文""就句回文""双句回文""本篇回文""环复回文"等。

"通体回文"是指一首诗从末尾一字读至开头一字另成一首新诗。

"就句回文"是指一句内完成回复的过程，每句的前半句与后半句互为回文。

"双句回文"是指下一句为上一句的回读。

"本篇回文"是指一首诗词本身完成一个回复，即后半篇是前半篇的回复。

"环复回文"是指先连续至尾，再从尾连续至开头。

中国剩余定理

《孙子算经》约成书于 4～5 世纪，作者生平和编写年代都不清楚。现在传本的《孙子算经》共 3 卷。卷上叙述算筹记数的纵横相间制度和筹算乘除法则，卷中举例说明筹算分数算法和筹算开平方法。

《孙子算经》之所以有名，是因为有一个著名的问题：物不知其数。卷下第 26 题："今有物不知其数，三三数之剩二，五五数之剩三，七七数之剩二，问物几何？答曰：二十三。"

也就是说有一堆东西，3 个 3 个数余两个；5 个 5 个数余 3 个，7 个 7 个数也余 2 个，问你一共有多少个物体。

翻译成数学语言，无外乎是被 3 除余 2，被 5 除余 3 如此等等，所以我们今天用方程列出就是：

$$N = 3x + 2$$
$$N = 5y + 3$$
$$N = 7z + 2$$

这里 N 表示物体总数，x、y、z 分别表示被 3、5、7 除后所得的商。三个方程，四个未知数，那么有解的话，就肯定不会唯一的了。这个问题现在可以用同余的知识来解决。《孙子算经》不但提供了答案，而且还给出了解法：

将三三数之的余数，乘以 70；五五的余数乘到 21；七七之余乘以 15。然后相加，再减去 105 的若干倍，即得答案 23。

这其中的 70、21、15，显然是关键之数。其诀窍就在于，70 是 5 和 7 的公倍数，而被 3 除则余 1；21 是 3、7 的公倍数，而被 5 除余 1；15 呢，不用说是 3、5 的公倍数，而被 7 除余 1 了。所以如果问题中各数的余数是 a、b、c 的话，那么 $70a+21b+15c$，便是所求的一个答案。

那么为什么又要减去 105 的倍数呢？因为 105 是 3、5、7 的公倍数，从最初的和数中，减去 105，仍然是一个答案。而算经中之所以减去，是为了求得这个问题的最小正整数解。

这一套算计真是奥妙，后人更给它编了一首诗，朗朗上口，十分好记：

三人同行七十稀，

五树梅花廿一枝；

七子团圆正月半，

除百零五便得知。

正月半者，十五之谓也。

这个大名鼎鼎的题目后来由秦九韶发展为"大衍求一术"，在 1876 年德国一学者发现孙子的解法与 19 世纪高斯的理论和解法完全一致，故而这一杰出的成就为世界瞩目，被称做"中国剩余定理"。

知识点

同　余

同余是数论中的一个重要概念。两个整数除以同一个整数，如果得到相同余数，则称二整数同余。同余理论是初等数论的重要组成部分，是研究整数问题的重要工具之一。利用同余来论证某些整除性的问题是很简便的。最先引用同余的概念与符号的学者为德国数学王子高斯。

数学语言的重要性

语言是思维的载体，数学语言以严谨清晰、精炼准确而著称。数学语言能力既是数学能力的组成部分之一，又是其他各种数学能力的基础，对学生学习数学知识，发展数学能力有重要作用。

自然语言、图形语言和符号语言常被人们称为数学中的三大语言。数学思维多是无声的数学语言的活动，不少数学问题的解决，实质上是不同语言的互译在起作用。流畅的数学思维、机巧的数学解题是建筑在娴熟的数学语言的掌握基础之上的。所以，三种语言的熟练转化是数学知识掌握较好的标志，是思维灵活、敏捷的重要表现，是左右脑协同作用的结果；相反，解题受阻则常因为语言拘泥于某种形式而不善转化。数学中，从口头语言的训练到文字的逻辑表达，做到条理井然、层次分明、用语准确、书写规范，十分重要。

丢番图的墓志铭

希腊数学自毕达哥拉斯学派以后，兴趣中心都在几何，他们认为只有经过几何论证的命题才是可靠的。为了逻辑的严密性，代数也披上了几何的外衣。所以一切代数问题，甚至简单的一次方程的求解，也都被纳入僵硬的几何模式之中。直到丢番图的出现，才把代数解放出来，摆脱了几何的羁绊。他是第一个引进符号入希腊数学的人。

例如，$(a+b)^2=a^2+2ab+b^2$ 的关系在欧几里得《几何原本》中是一条重要的几何定理，而在丢番图的《算术》中，只是简单代数运算法则的必然结果。

丢番图认为，代数方法比几何的演绎陈述更适宜于解决问题。解题过程中

显示出高度的巧思和独创性，在希腊数学中独树一帜。

如果丢番图的著作不是用希腊文写的，人们就不会想到这是希腊人的成果，因为看不出有古典希腊数学的风格，从思想方法到整个科目结构都是全新的。

在公元 250 年前后，丢番图在亚历山大城里，他编写了一部叫《算术》的教科书。该书总共有 13 卷，可惜在 10 世纪时只剩下 6 卷，其余 7 卷遗失了。在 15 世纪这本书的希腊文手抄本在意大利的威尼斯发现，于是广为人注意，以后又有法国数学家巴歇的希腊—拉丁文对照本，以后还有英、德、俄等国的译本，这是一本如《几何原本》般在数学上影响很大的书。

这本书基本上是代数书，有人因此称丢番图为"代数学之父"，他在书中采用符号，研究了一次、二次、三次方程。

如第一卷第 27 题：

"两数之和是 20，乘积是 96，求这两数。"

第一卷第 28 题：

"两数之和是 20，平方和是 208，求这两数。"

第六卷第 27 题：

"求直角三角形的三边，已知它的面积加上斜边是一个平方数，而周长是一个立方数。"写成现代的式子，令 a，b，c 是直角三角形的三边，则有：

$$a^2 + b^2 = c^2$$

$$\frac{1}{2}ab + c = m^2$$

$$a + b + c = N^3$$

这里就要考虑到三次方程了。

这书除了第一卷外，其余的问题几乎都是考虑未知数比方程数还多的问题，我们把这种问题叫不定方程。以后人们为了纪念丢番图把这类方程叫丢番图方程。

这里举几个例子，像《算术》第二卷第 8 题：

"将一个已知的平方数分为两个平方数。"

例如将 16 分成两个平方数，设一个平方数是 x^2，另外一个是 $16-x^2$。由于要求是平方数：$16-x^2=y^2$ 因此，一个方程里有两个未知数 x，y。

第四卷第 3 题："求两个平方，使其和是一个立方数。"写成代数式子是求：$x^2+y^2=z^3$ 的解。

丢番图不限定解是整数的问题，而后来的人研究丢番图方程多局限为整数解，这是和他不同的地方。我们现在先考虑最简单的只有两个未知数的一个一次不定方程。这类方程一般是形如 $ax+by=c$，a，b，c 都是整数。

丢番图在《算术》中，除了代数原理的叙述外，还列举了属于各次不定方程式的许多问题，并指出了求这些方程解的方法，识别了实根、有理数可能是"根"和正根。

为了表示求未知数及其幂、倒数、等式和减法，他使用了字母的减写，用并列书写表示两个量的加法，量的系数则在量的符号之后用阿拉伯数字表示。

在两个数的和与差的乘法运算中采用了符号法则。他还引入了负数的概念，并认识到负数的平方等于正数等问题。

丢番图在数论和代数领域作出了杰出的贡献，开辟了广阔的研究道路。这是人类思想上一次不寻常的飞跃，不过这种飞跃在早期希腊数学中已出现萌芽。

丢番图的著作成为后来许多数学家，如费马、欧拉、高斯等进行数论研究的出发点。数论中两大部分均是以丢番图命名的，即丢番图方程理论和丢番图近似理论。

丢番图的《算术》虽然还有许多不足之处，但瑕不掩瑜，它仍不失为一部承前启后的划时代著作。

丢番图的一生可以说是与代数不可分的，就连他的墓志铭也别开生面，是一道代数题。其文如下：

坟中安葬着丢番图，多么令人惊讶，它忠实地记录了所经历的道路。

上帝给予的童年占六分之一，又过十二分之一，两颊长胡，再过七分之一，点燃起结婚的蜡烛。五年之后天赐贵子，可怜迟到的宁馨儿，享年仅及其父的一半，便进入冰冷的坟墓。

悲伤只有用数论的研究去弥补，又过四年，他也走完了人生的旅途。

幸亏有了这段奇特的墓志铭，后人才得以了解这位古希腊最后一位大数学家曾享年 84 岁，那么自然可以算出他何时结婚，何时得儿，何时儿子死亡。其年龄的算法是：设年龄为 x，那么有 $x/6+x/12+x/7+5+x/2+4=x$，解之得 $x=84$（岁）。

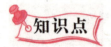

知识点

数　论

简单地说，数论就是对整数的研究、论述。整数的基本元素是素数，所以，数论的本质就是对素数性质的研究。数论是和平面几何学有同样悠久历史的学科。按照研究方法的难易程度来划分，数论大致上可以分为初等数论（也叫古典数论）和高等数论（也叫近代数论）。初等数论主要包括整除理论、同余理论、连分数理论。高等数论则包括了更为深刻的数学研究工具，大致包括代数数论、解析数论、算术代数几何等。

　延伸阅读

数学家们的墓志铭

大数学家阿基米德的墓碑上，镌刻着一个有趣的几何图形：一个圆球镶嵌在一个圆柱内。相传，这是阿基米德生前最为欣赏的一个定理。

数学家鲁道夫的墓碑上刻着圆周率 π 的 35 位数值，这个数值被叫做"鲁道夫数"，这是他毕生心血的结晶。

高斯是举世闻名的数学王子，对数学作出了不朽的贡献。有人曾这样形容高斯："能从九霄云外的高度按照某种观点掌握深奥数学的天才。"高斯逝世

后，人们为他建造了一座以正十七棱柱为底边的纪念碑，因为他是完成了正十七边形的尺规作图后，才决定献身数学研究的。

哥德巴赫猜想

200 多年前德国数学家、彼得堡科学院院士哥德巴赫（1690～1764 年），曾以大量的整数做试验，结果使他发现：任何一个整数，总可以分解为不超过三个素数的和。但是，他不能给出严格的数学证明，甚至连证明该问题的思路也找不到。因此，1742 年 6 月 7 日，他把这个猜想写信告诉了与他有 15 年交情、当时在数学界已享盛誉的朋友欧拉。信中说："我想冒险发表下列假定：大于 5 的任何整数，是三个素数之和。"欧拉经过分析和研究，在回信中说："我认为每一个大于或等于 6 的偶数都可以表示为两个奇素数之和"。

欧拉回信说："这个命题看来是正确的。"但是他也给不出严格的证明。同时欧拉又提出了另一个命题：任何一个大于 2 的偶数都是两个素数之和，但是这个命题他也没能给予证明。

不难看出，哥德巴赫的命题是欧拉命题的推论。事实上，任何一个大于 5 的奇数都可以写成如下形式：$2N+1=3+2(N-1)$，其中 $2(N-1) \geqslant 4$。若欧拉的命题成立，则偶数 $2(N-1)$ 可以写成两个素数之和，于是奇数 $2N+1$ 可以写成三个素数之和，从而，对于大于 5 的奇数，哥德巴赫的猜想成立。

但是哥德巴赫的命题成立并不能保证欧拉命题的成立，因而欧拉的命题比哥德巴赫的命题要求更高。

现在通常把这两个命题统称为哥德巴赫猜想。

从哥德巴赫提出这个猜想至今，许多数学家都不断努力想攻克它，但都没有成功。当然曾经有人做了些具体的验证工作，例如：$6=3+3$，$8=3+5$，$10=5+5=3+7$，$12=5+7$，$14=7+7=3+11$，$16=5+11$，$18=5+13$……有人对 33×10^8 以内且大过 6 之偶数一一进行验算，哥德巴赫猜想都成立。但严格的数学证明尚待数学家的努力。

哥德巴赫问题所以引起人们极大的关注并激励着不少人为解决这一难题而奋斗一生，其原因就在于：若解决这样的问题就必须引进新的方法，研究新的规律，从而可能获得新的成果，这样就会丰富我们对于整数论以及整数论与其他数学分支之间相互关系的认识，推动整个数学学科向前发展。

200 年过去了，没有人能证明它。哥德巴赫猜想由此成为数学皇冠上一颗可望不可即的"明珠"。人们对哥德巴赫猜想难题的热情，历经 200 多年而不衰。世界上许许多多的数学工作者，殚精竭虑，费尽心机，然而至今仍不得其解。

1900 年德国著名数学家希尔伯特在国际数学会的演讲中，把哥德巴赫猜想看成是以往遗留的最重要的问题之一。1921 年英国数学家哈代在哥本哈根召开的数学会上说过，哥德巴赫猜想的困难程度可以和任何没有解决的数学问题相比。19 世纪数学家康托耐心地试验了从 2 到 1000 之内所有偶数命题都对；数学家奥倍利又试验了从 1000 到 2000 以内所有偶数命题也是对的，即他们二人连续验证了，在 2 到 2000 这个范围内，任何大于或等于 6 的偶数都可以表示为两个奇素数之和。

接着，又有数学家验证指出从 4 到 9000000 之内绝大多数偶数都是两个奇素数之和，后来更有人一直验算到了 3.3 亿之数，都表明哥德巴赫猜想是正确的。上述一些数学家们虽然做了大量的工作，但都没有离开验算的轨道。

1923 年两位英国数学家系尔德和立特伍德在解决哥德巴赫问题上得到新的进展，他们虽然没有解决这个难题，但是却使这个问题与高等数学中的解析因数论建立了联系。一方面为解决这个问题搭了第一座桥，使哥德巴赫问题解决的途径从验证阶段踏上了解析证明的新征程；另一方面在两个不同的学科间发现了微妙的联系，从而会引伸出许多新的发现，为新理论的诞生打下基础。

我国对这个问题的研究也有很长的历史，并且也取得了不少研究成果，作出了很大贡献。

我国著名数学家华罗庚教授早在 20 世纪 30 年代就开始这项研究工作，并取得了一定的研究成果。新中国成立后在华罗庚、闻嗣鹤两位教授的指导下，我国一些年轻的数学家不断地改进筛法，对哥德巴赫猜想的研究，取得了一个

又一个可喜的研究成果，轰动了国内外的数学界。其中数数学家陈景润的成绩最为突出。

这位 1953 年厦门大学毕业的我国青年数学家经过 20 年的刻苦钻研，在研究哥德巴赫问题上，有着惊人的毅力和顽强的精神。1965 年苏联数学家维诺格拉道夫、布赫斯塔勃和朋比利又证明了：偶数＝（1＋3）。这个结果在当时已经是很了不起的成就了，然而，陈景润还是不畏劳苦地攀登着。由于他精心地分析和科学地推算，不断地改进"筛法"，大大地推进了哥德巴赫问题的研究成果，取得了世界上领先的地位。1973 年他终于证明：每一个充分大的偶数，都可以表示成一个素数及一个不超过两个素数乘积的和，即可以表示成：偶数＝（1＋2）的形式。若把两个素数乘积变成一个素数，则可以表示成：偶数＝（1＋1）的形式。

陈景润的成就在国内外引起了高度的重视。我国数学家华罗庚和闻嗣鹤都曾高度评价他的研究成果。英国数学家哈伯斯坦和西德数学家黎希特合著的《筛法》一书，原有 10 章，付印后又见到陈景润的（1＋2）的成果，感到这一成就意义重大，特为之添写了第十一章，标题叫做"陈氏定理"。

哥德巴赫猜想离彻底解决仅一步之差了，但是，这即将登上顶峰的最后一步，也是极端困难的一步，但我们相信，登上顶峰、走完这艰苦一步的一天，早晚都会到来。

奇素数、偶素数

素数是指因数只有 1 和它本身的正整数。奇数是不能被 2 整除的数。合起来，奇素数就是指不能被 2 整除而且因数只有 1 和它本身的正整数。同样，偶数是能被 2 整除的数，偶素数就是能把 2 整除而且因数只有 1 和它本身的正整数。2 是唯一的偶素数。

"哥德巴赫猜想"的证明进展

为了证明哥德巴赫猜想，可转而证明：关于偶数可表示为 s 个质数的乘积与 t 个质数的乘积之和。其进展情况如下：

1920 年，挪威的布朗证明了"9＋9"。

1924 年，德国的拉特马赫证明了"7＋7"。

1932 年，英国的埃斯特曼证明了"6＋6"。

1937 年，意大利的蕾西先后证明了"5＋7"、"4＋9"、"3＋15"和"2＋366"。

1938 年，苏联的布赫夕太勃证明了"5＋5"。

1940 年，苏联的布赫夕太勃证明了"4＋4"。

1948 年，匈牙利的瑞尼证明了"1＋c"，其中 c 是一很大的自然数。

1956 年，中国的王元证明了"3＋4"。

1957 年，中国的王元先后证明了"3＋3"和"2＋3"。

1962 年，中国的潘承洞和苏联的巴尔巴恩证明了"1＋5"，中国的王元证明了"1＋4"。

1965 年，苏联的布赫夕太勃和小维诺格拉多夫及意大利的朋比利证明了"1＋3"。

1966 年，中国的陈景润证明了"1＋2"。

四色猜想

四色猜想是世界近代三大数学难题之一。

1852 年，毕业于伦敦大学的弗南西斯·格思里来到一家科研单位搞地图着色工作时，发现了一种有趣的现象："看来，每幅地图都可以用四种颜色着色，使得有共同边界的国家着上不同的颜色。"

这个结论能不能从数学上加以严格证明呢？他和在大学读书的弟弟格里斯决心试一试。兄弟二人为证明这一问题而使用的稿纸已经堆了一大叠，可是研究工作没有进展。

1852 年 10 月 23 日，他的弟弟就这个问题的证明请教他的老师、著名数学家德•摩尔根，摩尔根也没有能找到解决这个问题的途径，于是写信向自己的好友、著名数学家哈密尔顿爵士请教。

哈密尔顿接到摩尔根的信后，对四色问题进行论证，但直到 1865 年哈密尔顿逝世为止，问题也没有能够解决。

1872 年，英国当时最著名的数学家凯利正式向伦敦数学学会提出了这个问题，于是四色猜想成了世界数学界关注的问题。世界上许多一流的数学家都纷纷参加了四色猜想的大会战。

1878、1880 两年间，著名的律师兼数学家肯普和泰勒两人分别提交了证明四色猜想的论文，宣布证明了四色定理，大家都认为四色猜想从此也就解决了。

肯普的证明是这样的：首先指出如果没有一个国家包围其他国家，或没有3 个以上的国家相遇于一点，这种地图就说是"正规的"，否则为非正规地图。一张地图往往是由正规地图和非正规地图联系在一起的，但非正规地图所需颜色种数一般不超过正规地图所需的颜色，如果有一张需要 5 种颜色的地图，那就是指它的正规地图是五色的，要证明四色猜想成立，只要证明不存在一张正规五色地图就足够了。

肯普是用归谬法来证明的，大意是如果有一张正规的五色地图，就会存在一张国数最少的"极小正规五色地图"，如果极小正规五色地图中有一个国家的邻国数少于 6 个，就会存在一张国数较少的正规地图仍为五色的，这样一来就不会有极小五色地图的国数，也就不存在正规五色地图了。这样肯普就认为他已经证明了"四色问题"，但是后来人们发现他错了。

不过肯普的证明阐明了两个重要的概念，对以后问题的解决提供了途径。

第一个概念是"构形"。他证明了在每一张正规地图中至少有一国具有2个、3个、4个或5个邻国，不存在每个国家都有6个或更多个邻国的正规地图，也就是说，由2个邻国，3个邻国、4个或5个邻国组成的一组"构形"是不可避免的，每张地图至少含有这4种构形中的一个。

肯普提出的另一个概念是"可约"性。"可约"这个词的使用是来自肯普的论证。他证明了只要五色地图中有一国具有4个邻国，就会有国数减少的五色地图。自从引入"构形""可约"概念后，逐步发展了检查构形以决定是否可约的一些标准方法，能够寻求可约构形的不可避免组，是证明"四色问题"的重要依据。但要证明大的构形可约，需要检查大量的细节，这是相当复杂的。

11年后，即1890年，在牛津大学就读的年仅29岁的赫伍德以自己的精确计算指出了肯普在证明上的漏洞。他指出肯普说没有极小五色地图能有一国具有5个邻国的理由有破绽。不久，泰勒的证明也被人们否定了。人们发现他们实际上证明了一个较弱的命题——五色定理。就是说对地图着色，用5种颜色就够了。后来，越来越多的数学家虽然对此绞尽脑汁，但一无所获。于是，人们开始认识到，这个貌似容易的题目，其实是一个可与费马猜想相媲美的难题。

闵可夫斯基也曾研究过这个问题。在一次拓扑课上，他的学生向他提出了这个问题，最终他也没有解决这个他看似容易的问题。

进入20世纪以来，科学家们对四色猜想的证明基本上是按照肯普的思路在进行。1913年，伯克霍夫在肯普的基础上引进了一些新技巧，美国数学家富兰克林于1939年证明了22国以下的地图都可以用四色着色。1950年，有人从22国推进到35国。1960年，有人又证明了39国以下的地图可以只用四种颜色着色；随后又推进到了50国。看来这种推进仍然十分缓慢。

电子计算机问世以后，由于演算速度迅速提高，加之人机对话的出现，大大加快了对四色猜想证明的进程。

1976年，美国数学家阿佩尔与哈肯在美国伊利诺斯大学的两台不同的电子计算机上，用了1200个小时，做了100亿次判断，终于完成了四色定理的证明。

四色猜想的计算机证明，轰动了世界。它不仅解决了一个历时100多年的难题，而且有可能成为数学史上一系列新思维的起点。不过也有不少数学家并不满足于计算机取得的成就，他们还在寻找一种简捷明快的书面证明方法。

归谬法

归谬法是常用的一种论证方法。它是充分条件假设推理否定式在论证中的应用。人们在反驳某一判断（或观点）时，先假定被反驳判断（或观点）为正确的，并以它作为充分条件经过合理的引申、推导得出一个虚假或荒谬的结果，最后达到对被反驳判断的否定，这就是归谬法。

闵可夫斯基的尴尬

19世纪末，德国有位天才的数学教授叫闵可夫斯基，他曾是大科学家爱因斯坦的老师。爱因斯坦因为经常不去听课，便被他骂做"懒虫"。令他没想到的是，就是这个被他骂"懒虫"的爱因斯坦后来创立了著名的狭义相对论和广义相对论。闵可夫斯基受到很大震动。在闵可夫斯基的一生中，把爱因斯坦骂做"懒虫"恐怕还算不上是最尴尬的事。一天，闵可夫斯基刚走进教室，一名学生就递给他一张纸条，上面写着："如果把地图上有共同边界的国家涂成不同颜色，那么只需要四种颜色就足够了，您能解释其中的道理吗？"

闵可夫斯基微微一笑，对学生们说："这个问题叫四色问题，是一个著名的数学难题。其实，它之所以一直没有得到解决，仅仅是由于没有第一流的数学家来解决它。下面我就来证明它。"结果在这节课结束的时候，没有证完，到下一次课的时候，闵可夫斯基继续证明，一直几个星期过去了……一个阴霾的早上，闵可夫斯基跨入教室，那时候，恰好一道闪电划过长空，雷声震耳，闵可夫斯基很严肃地说："上天被我的骄傲激怒了，我的证明是不完全的……"

哥尼斯堡七桥问题

东普鲁士首都哥尼斯堡（现名加里宁格勒），是 18 世纪时的一座著名的大学城。哥尼斯堡城位于布勒尔河两条支流之间，那里有七座桥联着一个岛和一个半岛，风景优美而别致。

由于人们经常从桥上走过，于是产生了一个有趣的想法：能不能一次走遍七座桥，并且每座桥只走过一次？也就是说，是否存在一条路线，沿着它能不重复地走遍这七座桥？

这个问题似乎不难，谁都乐意用它来测试一下自己的智力。可是，谁也没有找到一条这样的路线。连以博学著称的大学教授们，也感到一筹莫展。"七桥问题"难住了哥尼斯堡的所有居民。哥尼斯堡也因"七桥问题"而出了名。

哥尼斯堡七桥问题传开后，引起了大数学家欧拉的兴趣。欧拉没有去过哥尼斯堡，这一次，他也没有去亲自测试可能的路线。他知道，如果沿着所有可能路线都走一次的话，一共要走 5040 次。就算是一天走一次，也需要 13 年多的时间，实际上，欧拉只用了几天的时间就解决了七桥问题。

剖析一下欧拉的解法是饶有趣味的。

第一步，欧拉把七桥问题抽象成一个合适的"数学模型"。他想：两岸的陆地与河中的小岛，都是桥梁的连接点，它们的大小、形状均与问题本身无

关。因此，不妨把它们看做是 4 个点。

7 座桥是 7 条必须经过的路线，它们的长短、曲直，也与问题本身无关。因此，不妨任意画 7 条线来表示它们。

就这样，欧拉将七桥问题抽象成了一个"一笔画"问题。怎样不重复地通过 7 座桥，变成了怎样不重复笔画地画出一个几何图形的问题。

原先，人们是要求找出一条不重复的路线，欧拉想，成千上万的人都失败了，这样的路线也许是根本不存在的。如果根本不存在，硬要去寻找它岂不是白费力气！于是，欧拉接下来着手判断：这种不重复的路线究竟存在不存在？由于这么改变了一下提问的角度，欧拉抓住了问题的实质。

最后，欧拉认真考察了一笔画图形的结构特征。

欧拉发现，凡是能用一笔画成的图形，都有这样一个特点：每当你用笔画一条线进入中间的一个点时，你还必须画一条线离开这个点，否则，整个图形就不可能用一笔画出。也就是说，单独考察图中的任何一个点（除起点和终点外），它都应该与偶数条线相连；如果起点与终点重合，那么，连这个点也应该与偶数条线相连。

在七桥问题的几何图中，A、B、C 三点分别与 3 条线相连，D 点与 5 条线相连。连线都是奇数条。因此，欧拉断定：一笔画出这个图形是不可能的。也就是说，不重复地通过 7 座桥的路线是根本不存在的！

七桥问题是一个几何问题，然而，它却是一个在以前的几何学里没有研究过的几何问题。在以前的几何学里，不论怎样移动图形，它的大小和形状都是不变的；而欧拉在解决七桥问题时，把陆地变成了点，桥梁变成了线，而且线段的长短曲直，交点的准确方位、面积、体积等概念，都变得没有意义了。不妨把七桥画成别的什么类似的形状，照样可以得出与欧拉一样的结论。

很清楚，图中什么都可以变，唯独点线之间的相关位置，或相互联结的情况不能变。欧拉认为对这类问题的研究，属于一门新的几何学分支，他称之为"位置几何学"。但人们把它通俗地叫做"橡皮几何学"。后来，这门数学分支被正式命名为"拓扑学"。

拓 扑 学

拓扑学英文名是 Topology，直译是地志学，是 19 世纪发展起来的一门几何学分支。1956 年，统一的《数学名词》把它确定成拓扑学。它和平面几何、立体几何不同。平面几何或立体几何研究的对象是点、线、面之间的位置关系以及它们的度量性质。拓扑学对于研究对象的长短、大小、面积、体积等度量性质和数量关系都无关。拓扑学所研究的图形，在运动中无论它的大小或者形状都发生变化。

默比乌斯带

默比乌斯带是一个奇妙的纸环，它是将一张狭长形的纸条的短边扭转 180° 后，将它的一端与另一端的反面黏合在一起，所形成的带状曲面。

这个简单而奇特的曲面是 1865 年由德国几何学家默比乌斯及德国人里斯丁单独发现的。这种单侧曲面不止一种，默比乌斯带最为著名。因为纸有正反两面，而这种带却没有正反之分。如果一只蚂蚁从一点出发，沿着带子爬行，它可以不越边界，自由地从一个面爬到另一面。这就是说，一般曲面为双侧曲面，而默比乌斯带是单侧曲面。

更有趣的是，沿默比乌斯带的中线把带剪开，并不会一分为二，而是成为一个大环，只是在接口处扭转了 360°。如果再沿这个长的带中间剪开，就成为两个互相联串的纸环。

默比乌斯带是数学拓扑学中的瑰宝之一。它在工程技术上得到了广泛的应用。我们现在用的电话无人自动回答器上的磁带用的是默比乌斯带，其磁带两面都可以录音，比长度相同的普通磁带信息存储量提高一倍。

为了纪念默比乌斯及里斯丁的贡献，在美国华盛顿的一座博物馆门口建造了一个不锈钢的默比乌斯带，它日夜不停地缓缓旋转着，启迪着人类无尽的智慧。

标尺作图三大难题

三等分角问题

只准用直尺和圆规，你能将一个任意的角两等分吗？这是一个很简单的几何作图题。几千年前，数学家们就已掌握了它的作图方法。

在纸上任意画一个角，以这个角的顶点 O 为圆心，任意选一个长度为半径画弧，找出这段弧与两条边的交点 A、B。

然后，分别以 A 点和 B 点为圆心，以同一个半径画弧，只要选用的半径比 A、B 之间的距离的一半还大些，这两段弧就会相交。找出这两段弧的交点 C。

最后，用直尺将 O 点与 C 点联结起来。不难验证，直线 OC 已经将这个任意角分成了相等的两部分。

显然，采用同样的方法，是不难将一个任意角 4 等分、8 等分或者 16 等分的；只要有耐心，将一个任意角 512 等分或者 1024 等分，也都不会是一件太难的事情。

那么，只准用直尺与圆规，能不能将一个任意角三等分呢？

这个题目看上去也很容易，似乎与两等分角问题差不多。所以，在 2000 多年前，当古希腊人见到这个题目时，有不少人甚至不假思索拿起了直尺与圆规……

一天过去了，一年过去了，人们磨秃了无数支笔，始终也画不出一个符合

题意的图形来！

由二等分到三等分，难道仅仅由于这么一点儿小小的变化，一道平淡无奇的几何作图题，就变成了一座高深莫测的数学迷宫？

这个题目吸引了许多数学家。公元前 3 世纪时，古希腊最伟大的数学家阿基米德，也曾拿起直尺与圆规，用这个题目测试过自己的智力。

阿基米德想出了一个办法。他预先在直尺上记一点 P，令直尺的一个端点为 C。对于任意画的一角，他以这个角的顶点 O 为圆心，以 CP 的长度为半径画半个圆，使这半个圆与角的两条边相交于 A、B 两点。

然后，阿基米德移动直尺，使 C 点在 AO 的延长线上移动，使 P 点在圆周上移动。当直尺正好通过 B 点时停止移动，将 C、P、B 三点联结起来。

接下来，阿基米德将直尺沿直线 CPB 平行移动，使 C 点正好移动到 O 点，作直线 OD。

可以检验，AOD 正好是原来的角（$\angle AOB$）的 1/3。也就是说，阿基米德已经将一个任意角分成了三等分。

但是，人们不承认阿基米德解决了三等分角问题。

为什么不承认呢？理由很简单：阿基米德预先在直尺上做了一个记号 P，使直尺实际上具备有刻度的功能。这是一个不能容许的"犯规"动作。因为古希腊人规定：在尺规作图法中，直尺上不能有任何刻度，而且直尺与圆规都只准许使用有限次。

阿基米德失败了。但他的解法表明，仅仅在直尺上做一个记号，马上就可以走出这座数学迷宫，数学家们想：能不能先不在直尺上做记号，而在实际作图的过程中，逐步把这个点给找出来呢……

古希腊数学家全都失败了。2000 多年来，这个问题激励了一代又一代的数学家，成为一个举世闻名的数学难题。笛卡儿、牛顿等许许多多最优秀的数学家，也都曾拿起直尺圆规，用这个难题测试过自己的智力……

一次又一次的失败，使得后来的人们变得审慎起来。渐渐地，人们心中生发出一个巨大问号：三等分一个任意角，是不是一定能用直尺与圆规做出来呢？如果这个题目根本无法由尺规做出，硬要用直尺与圆规去尝试，岂不是白费气力？

以后，数学家们开始了新的探索。因为，谁要是能从理论上予以证明：三等分任意角是无法由尺规做出的，那么，他也就解决了这个著名的数学难题。

1837年，数学家们终于赢得了胜利。法国数学家闻脱兹尔宣布：只准许使用直尺与圆规，想三等分一个任意角是根本不可能的！

这样，他率先走出了这座困惑了无数人的数学迷宫，了结了这桩长达2000多年的数学悬案。

立方倍积问题

爱琴海上有座岛屿叫第罗斯。关于这座岛，流传着一个悲惨的故事。

相传有一年，一场瘟疫平空降临到第罗斯岛上，短短几天的时间里，就夺去了岛上许多人的生命。幸存的人们吓得战战兢兢，纷纷躲进神庙，祈求神灵保佑。

神没有理会人们的祈祷。一连许多天过去了，瘟疫仍在蔓延。岛上的居民愈发惊恐万分，他们不知道是什么事情触怒了神灵，于是日夜匍匐在神庙的祭坛前。后来，巫师传达了神的旨意。神说：“第罗斯人要想活命，就必须把庙中的祭坛加大一倍，并且不准改变祭坛原来的形状。”

神庙中的祭坛是立方体，第罗斯人赶紧量好尺寸，连夜动工，制作了一个新祭坛送往庙中。他们把祭坛的长、宽、高都加大了一倍，以为这样就满足了神的要求。

可是，瘟疫非但没有停止，反而更加疯狂地蔓延开来。幸存的第罗斯人再次匍匐在祭坛前，他们心中充满了疑惑：“我们已经把祭坛加大一倍，为什么灾难仍未结束呢？”巫师冷冷地回答说：“不，你们没有满足神的要求。你们把祭坛加大到了原来的8倍！”

不准改变立方体的形状，又只准加大一倍的体积，这真是一个令人头痛的问题。第罗斯人商量来，商量去，仍然解决不了这个问题，于是派人到首都雅典去，向当时最有学问的大学者柏拉图请教。

柏拉图也解决不了这个问题。他搪塞地说：“神降下这场灾难，大概是不

满意你们不敬重几何学吧。"

这当然是一个虚构的故事。不过,故事中提到的那个数学问题,却是一个举世闻名的几何作图难题,叫做立方倍积问题。

作出这个立方体的关键是什么呢?如果设原立方体的边长为 a,它的体积就是 a^3;设新立方体的边长为 x,它的体积就是 x^3。因为新立方体的体积必须是原立方体的 2 倍,所以有 $x^3=2a^3$,由此可得 $x=\sqrt[3]{2}\,a$,也就是说,新立方体的边长必须是原立方体边长的 $\sqrt[3]{2}$ 倍。

这样,要作出符合题意的立方体,关键就在于作出它的边长;而要作出新立方体的边长,关键又在于能不能作出一条像 a 的 $\sqrt[3]{2}$ 倍那样长的线段!

用一根标有刻度的直尺,要作出一条这样的线段是非常容易的。如果借助其他的工具,要作出一条这样的线段也不难。公元前 3 世纪时,有一位叫埃拉托斯芬的古希腊数学家,就曾凭借 3 个相等的矩形框架,在上面画上相应的对角线,顺利地解决了立方倍积问题。另外,古希腊的攸多克萨斯、希波克拉底,荷兰的惠更斯,英国的牛顿,都曾发明过一些巧妙的方法,圆满地解决过立方倍积问题。但是,如果限定用尺规作图法解决,这些天才的大师们却无一不束手无策,狼狈地败下阵来。

与三等分角问题一样,立方倍积问题也让数学家们苦苦思索了 2000 多年,直到 19 世纪才获得解决。

1837 年,那位最先解决了三等分角问题的数学家闻脱兹尔,又最先从理论上给予证明,只使用直尺和圆规,想解决立方倍积问题也是根本不可能的。

闻脱兹尔的证明过程不够清晰简单,所以,有人不理会他"此路不通"的警告,继续尝试用尺规去作出一个符合题意的立方体。后来,德国数学家克莱因给出一个简单清晰而又无懈可击的证明。从那以后,数学家们就不再尝试用尺规作图法去解决立方倍积问题了。

化圆为方问题

几何三大难题最后一个问题就是这个化圆为方问题。(前两个问题就是三等分角问题和立方倍积问题)

据说，最先研究这个问题的人，是一个叫安拉克萨哥拉的古希腊学者。

安拉克萨哥拉生活在公元前 5 世纪，对数学和哲学都有一定的贡献。有一次，他对别人说："太阳并不是一尊神，而是一个像希腊那样大的火球"。结果被他的仇人抓住把柄，说他亵渎神灵，他被抓进了牢房。

为了打发寂寞无聊的铁窗生涯，安拉克萨哥拉专心致志地思考过这样一个数学问题：怎样作出一个正方形，才能使它的面积与某个已知圆的面积相等？这就是化圆为方问题。

当然，安拉克萨哥拉没能解决这个问题。但他也不必为此感到羞愧，因为在他以后的 2400 多年里，许许多多比他更加优秀的数学家，也都未能解决这个问题。

有人说，在西方数学史上，几乎每一个称得上是数学家的人，都曾被化圆为方问题所吸引过。几乎在每一年里，都有数学家欣喜若狂地宣称：我解决了化圆为方问题！可是不久，人们就发现，在他们的作图过程中，不是在这里就是在那里有着一点儿小小的，但却是无法改正的错误。

化圆为方问题看上去这样容易，却使那么多的数学家都束手无策，真是不可思议！

年复一年，有关化圆为方的论文雪片似地飞向各国的科学院，多得叫科学家们无法审读。1775 年，法国巴黎科学院还专门召开了一次会议，讨论这些论文给科学院正常工作造成的"麻烦"，会议通过了一项决议，决定不再审读有关化圆为方问题的论文。

然而，审读也罢，不审读也罢，化圆为方问题以其特有的魅力，依旧吸引着成千上万的人。它不仅吸引了众多的数学家，也让众多的数学爱好者为之神魂颠倒。15 世纪时，连欧洲最著名的艺术大师达·芬奇，也曾拿起直尺与圆规，尝试解答这个问题。

达·芬奇的作图方法很有趣。他首先动手做一个圆柱体，让这个圆柱体的高恰好等于底面圆半径 r 的一半，底面那个圆的面积是 πr^2。然后，达·芬奇将这个圆柱体在纸上滚动一周，在纸上得到一个矩形，这个矩形的长是 $2\pi r$，宽是 $r/2$，面积是 πr^2，正好等于圆柱底面圆的面积。

经过上面这一步，达·芬奇已经将圆"化"为一个矩形，接下来，只要再将这个矩形改画成一个与它面积相等的正方形，就可以达到"化圆为方"的目的。

达·芬奇解决了化圆为方的问题了吗？没有，因为他除了使用直尺和圆规之外，还让一个圆柱体在纸上滚来滚去。在尺规作图法中，这显然是一个不能容许的"犯规"动作。

与其他的两个几何作图难题一样，化圆为方问题也不能由尺规作图法完成。这个结论是德国数学家林德曼于1882年宣布的。

林德曼是怎样得出这样一个结论的呢？说起来，还与大家熟悉的圆周率 π 有关呢。

假设已知圆的半径为 r，它的面积就是 πr^2；如果要作的那个正方形边长是 x，它的面积就是 x^2。要使这两个图形的面积相等，必须有

$$x^2 = \pi r^2$$

即 $x = \sqrt{\pi}\, r$

于是，能不能化圆为方，就归结为能不能用尺规作出一条像 $\sqrt{\pi}\, r$ 那样长的线段来。

数学家们已经证明：如果是一个有理数，像这样长的线段肯定能由尺规作图法画出来；如果 π 是一个"超越数"，那么，这样的线段就肯定不能由尺规作图法画出来。

林德曼的伟大功绩，恰恰就在于他最先证明了 π 是一个超越数，从而最先确认了化圆为方问题是不能由尺规作图法解决的。

 知识点

超越数

超越数是指实数中除代数数以外的数。超越数的存在是由法国数学家刘

维尔在 1844 年最早证明的。关于超越数的存在，刘维尔写出了下面这样一个无限小数：$a = 0.110001000000000000000001000$……并且证明取这个 a 不可能满足任何整系数代数方程，由此证明了它不是一个代数数，而是一个超越数。后来人们为了纪念他首次证明了超越数，所以把数 a 称为刘维尔数。

➡➡➡ 延伸阅读

研究三大几何作图难题的意义

三大几何作图难题让人类苦苦思索了 2000 多年，研究这些数学难题有什么意义呢？

有人说，如果把数学比做是一块瓜田，那么，一个数学难题，就像是瓜叶下偶尔显露出来的一节瓜藤，它的周围都被瓜叶遮盖了，不知道还有多长的藤，也不知道还有多少颗瓜。但是，抓住了这节瓜藤，就有可能拽出更长的藤，拽出一连串的瓜果来。

数学难题的本身，往往并没有什么了不起。但是，要想解决它，就必须发明更普遍、更强有力的数学方法来，于是推动着人们去寻觅新的数学手段。例如，通过深入研究三大几何作图难题，开创了对圆锥曲线的研究，发现了尺规作图的判别准则，后来又有代数和群论的方程论若干部分的发展，这些，都对数学发展产生了巨大的影响。

希尔伯特问题

20 世纪的头一年，在巴黎召开的国际数学家会议上，一位年仅 38 岁的德国数学家、德国哥廷根大学数学教授希尔伯特，发表了一次轰动世界的演说。

他指出：跨进 20 世纪的数学，将沿着他所发表的 23 个问题的方向发展。当时有的人十分佩服这位青年数学家的胆略，赞扬他能站在数学发展的最前沿，大胆地进行预测，敏锐地作出科学判断。然而，也有人在一边冷眼旁观，感到这位年轻人是在说大话吹牛皮，怀疑 20 世纪数学的发展趋势能否被他提的 23 个问题所左右。

希尔伯特

历史是最好的见证，至少 20 世纪上半叶，全世界的大多数数学家们被这 23 个难题所吸引着，为了解决这些问题做了大量的研究工作，使许多数学新分支，特别是边缘学科相继诞生。可以毫不夸张地说，这 23 个难题成了当时整个数学界研究的中心课题。半个多世纪以来，能解决希尔伯特难题，已成为上个世纪数学家的无上荣誉。1974 年美国数学家评选自 1940 年以来，美国数学十大成就中，有三项分别是希尔伯特难题中的第一、第五、第十问题的解决。

1975 年在美国的伊利诺斯大学，召开了一次国际数学会议。数学家们回顾 20 世纪 3/4 世纪以来，对希尔伯特的 23 个难题的研究，约有一半以上已经解决了，其余一少半也都有了重大的进展。

希尔伯特童年时就跟着母亲学习数学，这对他成长为学识渊博的数学家影响极大，他毕业于东普鲁士的柯尼斯堡大学，早期研究代数不变式论、代数数论、几何基础，后来又研究变分法、积分方程、函数空间和数学物理方法等。1885 年，23 岁的希尔伯特就获得了博土学位。1895 年，他在德国最著名的科学教育中心哥廷根大学任数学教授。1899 年，他出版了《几何基础》一书，把欧几里得几何学整理为从公理出发的纯粹演绎系统，并把注意力转移到公理系统的逻辑结构。最后，希尔伯特成功地建立起公理化体系，因而希尔伯特的《几何基础》一书也是近代公理化思想的代表作。他晚年致力于数学基础问题的研究，是数学基础中形式主义学派的代表人物。

希尔伯特在那次演讲中提出的 23 个难题，后来统称为希尔伯特问题。希尔伯特问题涉及数学知识的范围非常之广，理论也特别深，并且大多数是关于高等数学中的题目。

1. 连续统假设。1963 年美国数学家科恩证明了该问题的真伪不可能在策梅罗—弗伦克尔公理系统内判明。即如果公理是相容的，那么加上选择公理的否命题，甚至连续统假设的否命题，整个系统仍然是相容的。

2. 算术公理体系的相容性。希尔伯特给出算术公理相容性的设想，后来发展成为"元数学"或"证明论"。但 1931 年，数学家哥德尔的"不完备性定理"指出了用"元数学"证明算术公理相容性的不可能。数学相容性问题至今尚未解决。但哥德尔的工作并没有改变数学家的工作方式，他的发现在 1989 年被吉拉尔总结为：数学思维中的某些部分本身并不是数学思维。

3. 只根据合同公理证明底面积相等、高相等的两个四面体有相等的体积是不可能的。即不能将这两个等体积的四面体剖分为若干相同的小多面体。

1900 年德国数学家德恩给出证明。德恩的证明利用了他发明的不变量：两个立体，如果能切成全等的部分的话，那么它们的德恩不变量一定相同。然后他证明了等体积的立方体与正四面体的德恩不变量并不相等。

这个问题因而被认为是解决了。然而 1965 年西德勒证明，两个"多面体"等价，当且仅当它们的体积与德恩不变量都相等。另一方面，在高维空间或者三维以上的非欧几里得几何学中，却没有相应的结果。

4. 直线作为两点间最短距离的几何学结构的研究。许多数学家致力于构造和探讨各种特殊的度量几何，在研究该问题上取得很大进展。但问题并未完全解决。

5. 拓扑群成为李群的条件。1952 年由美国数学家格利森、蒙哥马利和齐平解决了这一问题，证明了不要定义群的函数的可微性假设这一条件时原结论成立。然而下述问题还未解决：一个局部紧的拓扑群，若能忠实地作用于一拓扑流形上，那么它是李群吗？

6. 物理学各分支的公理化。1933 年苏联数学家柯尔莫戈罗夫等人建立起概率论的公理化体系。量子力学、热力学的公理化方法也有进展，但公理化的物理学的一般意义仍需探讨。

7. 某些数的无理性与超越性。1934 年苏联数学家格尔丰德，1935 年德国数学家施奈德各自独立解决了该问题的后半部分，然而，对欧拉常数的判断依然是一个谜。

8. 素数问题。包括黎曼猜想、哥德巴赫猜想等问题。一般情况下的黎曼猜想没有解决。哥德巴赫猜想的最好结果是中国数学家陈景润在 1973 年发表的，但离最终解决尚有距离。

9. 一般互反律的证明。已由日本数学家高木贞治（1921 年）和奥地利数学家阿廷（1927 年）解决。

10. 丢番图方程可解性的判别。即能否通过有限步骤判定不定方程是否存在有理整数解。1968 年英国数学家贝克给出含有两个未知数方程的肯定解答。1970 年苏联数学家马季亚谢维奇证明一般情况不能判定。还有一些这一类的问题依然没有解决。

11. 一般代数数域的二次型论。德国数学家哈塞（1929 年）和西格尔（1936 年，1951 年）在该问题上获得重要结果。

12. 类域的构成问题。该问题至今尚未解决，但有些限制情形有进展。

13. 不可能用只有两个变数的函数解一般的七次方程。1957 年苏联数学家阿诺尔德和柯尔莫戈罗夫给出连续函数情形的解答。若要求是解析函数，问题仍未解决。

14. 证明某类完全函数系的有限性。1958 年日本数学家永田雅宜证明了存在群，其不变式所构成的环不具有有限个整基，给出否定解答。但 1978 年数学家汉弗莱斯证明对任意代数群，只要是简约的（或者是平凡的），该问题恒有肯定解答。

15. 舒伯特计数演算的严格基础。代数几何基础已由荷兰数学家范德瓦尔登（1938～1940 年）和法国数学家韦伊（1950 年）等人解决。该问题的纯代数处理已有可能，但舒伯特演算的合理性仍未解决。

16. 代数曲线与曲面的拓扑研究。对问题的前半部分，近年来不断有重要结果产生。对后半部分，1955 年苏联数学家彼得罗夫斯基曾声明证明了对极限环的个数不超过 3，但 1967 年被人发现证明有误。1979 年中国数学家史松龄、陈兰荪和王明淑等人举出至少 4 个极限环的反例。

17. 正定形式的平方表示式。1926 年由奥地利数学家阿廷解决。

18. 由全等多面体构造空间。该问题的一部分由德国数学家比伯巴赫（1910 年）、赖因哈特（1928 年）和黑斯赫（1935 年）等人解决。整个问题尚未完全解决。

19. 正则变分问题的解是否一定解析。苏联数学家伯恩斯坦于 1904 年证明了一个变元的解析非线性椭圆方程其解必定解析。该结果又由他本人和彼得罗夫斯基等人推广到多变元和椭圆方程组的情形。

20. 一般边值问题。偏微分方程边值问题的研究正在蓬勃发展。其进展包括非正则系数线性椭圆方程组的研究与非线性椭圆方程的研究，大范围几何学中的正则性问题、力学的弹性问题等。

21. 具有给定单值群的线性微分方程的存在性。已由希尔伯特本人（1905 年）和德国数学家罗尔（1957 年）等人解决。

22. 用自守函数将解析关系单值化。一个变数的情形已由德国数学家克贝（1907 年）等人解决。后来在该问题的研究上又有许多成果。最近的进展主要是向高维的推广。

23. 发展变分法的方法。希尔伯特本人和许多其他数学家对此作出重要贡献。变分法在研究非线性现象时起着关键作用，在最优控制以及对数学在工业中的应用也是如此。近年来，推广变分法的研究取得了极大的进展。

一个数学家在一次讲演中提出的问题，能对数学的发展产生如此久远而深刻的影响，这在数学史上是独一无二的，在人类文明的发展史上也是极为罕见的，因此，希尔伯特被称为 20 世纪数学发展的代表人物。

在现代数学中，许多重要成果的取得和新学科的发展与希尔伯特问题有关。这些问题对数学的发展产生了深远影响。希尔伯特的研究成果博大精深，无论是生前还是身后，人们对他的评价都是那样崇高。由于希尔伯特的杰出贡

献，德国政府授予了他"枢密顾问"的称号。

在他68岁那年，柯尼斯堡市政会授予了他"荣誉市民"称号。希尔伯特毕生投身于数学研究。在他去世时，德国《自然》杂志发表了这样的观点："现在世界上难得有一位数学家的工作不是以某种途径导源于希尔伯特的工作。他像是数学世界的亚历山大，在整个数学版图上，留下了他那显赫的名字。"

知识点

边值问题

在微分方程中，边值问题是一个微分方程和一组称之为边界条件的约束条件。边值问题的解通常是符合约束条件的微分方程的解。在求解微分方程时，除了给出方程本身外，往往还需要给出一定的定解条件，有一些情况，定解条件要考虑所讨论区域的边界，这种定解条件就称为边界条件，相应的定解问题就称为边值问题。

延伸阅读

一个中国研究生缔造的荣誉

希尔伯特问题发表以来，全世界的数学家们都在进行研究，我国的数学家们也不例外。

希尔伯特23个问题中的第十六个难题是关于微分方程极限环性质的。

1955年苏联科学院院士彼得洛夫斯基发表文章指出：二次代数系统构成的微分方程组（简称为 E_2），其极限环至多只能有三个，并宣布解决了希尔伯特的这个难题。后来有人发表文章指出他证明中的错误，同时怀疑他提出的结论的正确性。1976 年彼得洛夫斯基又发表文章，承认他证明有错误，但认为结论还是正确的。

1979 年彼得洛夫斯基的结论，被一位中国不出名的研究生推翻了。中国科技大学的数学研究生史松龄举出了关于 E_2 至少出现四个极限环的例子，否定了彼得洛夫斯基关于 E_2 至多只有三个极限环的论断，使得关于希尔伯特第十六难题的研究，经过 25 年后首次取得重大的进展。这是一个很了不起的研究成果，为中华民族赢得了荣誉。

数学家的故事

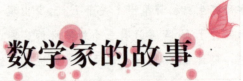

　　数学家是这样定义的：数学家就是以数学研究为职业，在数学领域作出一定贡献，并且其研究成果能得到同行普遍认可的一类群体。从定义中可以看出，数学家是要在数学这个领域里有一番成就的。历史已经证明，数学学科的发展是离不开数学家的付出和贡献的。通常，每一个数学成就获得的背后都会有数学家们的一个故事，是数学家们缔造了数学的一个又一个奇迹的。

勤勉的华罗庚

　　1910 年 11 月 12 日，华罗庚出生在江苏省南部一个叫金坛的小县城。

　　华罗庚小时候聪明好学，又很懂事，年龄不大就帮母亲缠纱线换钱维持生活。他小学毕业后，进了家乡的金坛中学读书。这时，他就对数学产生了极大的兴趣，多才博学的王维克老师发现了华罗庚的数学天才，于是，就格外精心培养他，鼓励他勇敢攀登数学的高峰，这对于华罗庚后来的成长起了很大的作用。

　　1925 年华罗庚在金坛中学毕业后，进了上海中华职业学校，为的是能谋求一个会计之类的职业以养家糊口。可是由于交不起学费，没有毕业就失学了。回家乡一面帮助父亲在"乾生泰"这个只有一间小门面的杂货店里干活、记账，一面继续钻研数学。

华罗庚整天沉醉在数学王国里，顾客要买东西，喊他听不见，问他答非所问，顾客买此他却拿彼，诸如此类的事情多了，人们嘲笑他是"呆子"，父亲也要把他的"天书"烧掉。不知情的人哪里知道他的"天书"来之是多么不易——有的是他千方百计借来的，有的是他辛辛苦苦抄来的，如果被父亲付之一炬，就等于烧了他的心哪！所以，华罗庚把书东掖西藏，只有趁父亲不在时，才敢把书拿到桌面上看。无论春夏秋冬，他每天晚上看书写字到深夜。碰到难题，一时解不出来，他从不泄气，经过一天两天，甚至十天半月的深思苦想，终于理清了头绪，每到这时，他喜不自禁。他就是这样，用 5 年时间自学了高中三年和大学初年级的全部数学课程，为未来独立研究数论，打下了坚实而牢固的基础。

1930 年，华罗庚的第一篇论文《苏家驹之代数的五次方程式解法不能成立的理由》，在上海《科学》杂志上发表了。

在清华大学担任数学系主任的熊庆来教授，看到华罗庚这篇文章后，高兴地说："这个年轻人真不简单，快请他到清华来！"这一年，华罗庚只有 19 岁。

1931 年夏天，华罗庚到了清华大学，在数学系当助理员。白天，他领文献，收发信件，通知开会，还兼管图书、打字，保管考卷，忙得不可开交。晚上，他一头扎进图书馆，在数学文献的浩瀚海洋里涉珍猎宝，一天只睡四五个小时。

他以惊人的毅力，只用了一年半时间，就攻下了数学专业的全部课程，还自学了英文、德文和法文。他以敏捷的才思，用英文写了三篇数学论文，寄到国外，全部发表。

不久，清华大学的教授会召开特别会议，通过一项决议：破格让华罗庚这个初中毕业生做助教，给大学生们讲授微积分，这在清华大学是史无前例的。

1936 年夏大，他在学校推荐之下，由中华文化教育基金委员会保送到英国剑桥大学留学。在英国，他参加了一个有名的数论学家小组，对哥德巴赫问题进行了深入的研究，他的研究成果十分显著，并得出了著名的华氏定理。

数学——人类智慧的源泉　SHUXUE RENLEI ZHIHUI DE YUANQUAN

在剑桥大学的两年中，他写了18篇论文，先后发表在英、苏联、印度、法、德等国的杂志上。按其成就，已经超越了博士生的要求，但因他在剑桥大学未能正式入学，因而未得到博士学位。

1941年，华罗庚完成了他的第一部著作《堆垒素数论》的手稿。其中有些论证，现在还被认为是经典佳作。

数学家华罗庚

1950年3月16日，华罗庚到达北京，回到清华大学担任教授，历任中国科学院数学研究所、应用数学研究所所长，中国科学技术大学副校长，中国科学院副院长等职务。他为中国的数学科学研究事业作出了重大的贡献。他在典型域方面的研究中所引入的度量，被称为"华罗庚度量"。1957年1月，他以《多复变函数典型域上的调和分析》的论文获中国科学院自然科学一等奖。1957年，他的60万字的《数论导引》出版，在国际上引起了很大的反响。国际性数学杂志《数学评论》高度评价说："这是一本有价值的、重要的教科书，有点像哈代与拉伊特的《数论导引》，但在范围上已越过了它。"

华罗庚的工作非常繁忙，他从不放过一点儿空隙时间思考问题，在上班的途中或是讲课、开会之前的十几分钟里，也不例外。因此，他的研究硕果累累，据不完全统计，数十年里华罗庚共写了152篇数学论文，9部专著，11本科普著作。

1981年的一个春日，联邦德国普林格出版公司出版了《华罗庚选集》。

在国际数学界，数学家能够出版选集的屈指可数。而外国出版社为中国数学家出版选集的，华罗庚是第一位。

多复变函数

多复变函数是指数学中研究多个复变量的全纯函数的性质和结构的分支学科。它和经典的单复变函数有一定的渊源，但在研究的重点和方法上，都和单复变函数论有着很大的区别。多复变函数广泛地使用着微分几何学、代数几何、李群、拓扑学、微分方程等相邻学科中的概念和方法。

《堆垒素数论》

《堆垒素数论》是华罗庚的数学名著，也是 20 世纪经典数论著作之一，它系统地总结、发展与改进了哈代一李特尔伍德圆法、维诺格拉多夫三角和估计方法及华罗庚本人的方法，出版几十年来，《堆垒素数论》先后被译成俄、匈、日、德、英文出版，其中一些论证，在数学界有着极高的地位和影响。

低调的陈景润

陈景润是我国现代数学家。1933 年 5 月 22 日生于福建省福州市。1953 年毕业于厦门大学数学系。由于他对塔里问题的一个结果做了改进，受到华罗庚的重视，被调到中国科学院数学研究所工作，先任实习研究员，助理研究员，再越级提升为研究员，并当选为中国科学院数学物理学部委员。

陈景润是世界著名解析数论学家之一，他在 20 世纪 50 年代即对高斯圆内格点问题、球内格点问题、塔里问题与华林问题的以往结果，作出了重要改进。20 世纪 60 年代后，他又对筛法及其有关重要问题，进行了广泛深入的研究。1966 年他证明了"每个大偶数都是一个素数及一个不超过两个素数的乘积之和"，使他在哥德巴赫猜想的研究上居世界领先地位。这一结果国际上称为"陈氏定理"，受到广泛征引。这项工作还使他与王元、潘承洞在 1978 年共同获得中国自然科学奖一等奖。陈景润共发表学术论文 70 余篇。

数学家陈景润

陈景润是国际知名的大数学家，深受人们的敬重。但他并没有产生骄傲自满情绪，而是把功劳都归于祖国和人民。为了维护祖国的利益，他不惜牺牲个人的名利。

1977 年的一天，陈景润收到一封国外来信，是国际数学家联合会主席写给他的，邀请他出席国际数学家大会。这次大会有 3000 人参加，参加的都是世界上著名的数学家。大会共指定了 10 位数学家作学术报告，陈景润就是其中之一。这对一位数学家而言，是极大的荣誉，对提高陈景润在国际上的知名度大有好处。

陈景润没有擅作主张，而是立即向研究所党支部作了汇报，请求党的指示。党支部把这一情况又上报到科学院。科学院的党组织对这个问题比较慎重，因为当时中国在国际数学家联合会的席位，一直被台湾占据着。

院领导回答道："你是数学家，党组织尊重你个人的意见，你可以自己给他回信。"

陈景润经过慎重考虑，最后决定放弃这次难得的机会。他在答复国际数学家联合会主席的信中写到："第一，我们国家历来是重视跟世界各国发展学术交流与友好关系的，我个人非常感谢国际数学家联合会主席的邀请。第二，世界上只有一个中国，唯一能代表中国广大人民利益的是中华人民共和国，台湾是中华人民共和国不可分割的一部分。因为目前台湾占据着国际数学家联合会我国的席位，所以我不能出席。第三，如果中国只有一个代表的话，我是可以考虑参加这次会议的。"为了维护祖国母亲的尊严，陈景润牺牲了个人的利益。

1979 年，陈景润应美国普林斯顿高级研究所的邀请，去美国做短期的研究访问工作。普林斯顿研究所的条件非常好，陈景润为了充分利用这样好的条件，挤出一切可以节省的时间，拼命工作，连中午饭也不回住处去吃。有时候外出参加会议，旅馆里比较嘈杂，他便躲进卫生间里，继续进行研究工作。正因为他的刻苦努力，在美国短短的 5 个月里，除了开会、讲学之外，他完成了论文《算术级数中的最小素数》，一下子把最小素数从原来的 80 推进到 16。这一研究成果，也是当时世界上最先进的。

在美国这样物质比较发达的国度，陈景润依旧保持着在国内时的节俭作风。他每个月从研究所可获得 2000 美金的报酬，可以说是比较丰厚的了。每天中午，他从不去研究所的餐厅就餐，那里比较讲究，他完全可以享受一下的，但他都是吃自己带去的干粮和水果。他是如此的节俭，以至于在美国生活 5 个月，除去房租、水电花去 1800 美元外，伙食费等仅花了 700 美元。等他回国时，共节余了 7500 美元。

这笔钱在当时不是个小数目，他完全可以像其他人一样，从国外买回些高档家电。但他把这笔钱全部上交给国家。他是怎么想的呢？用他自己的话说："我们的国家还不富裕，我不能只想着自己享乐。"

陈景润就是这样一个非常谦虚、正直的人，尽管他已功成名就，然而他没有骄傲自满，他说："在科学的道路上我只是翻过了一个小山包，真正的高峰还没有攀上去，还要继续努力"。

解析数论

　　解析数论是数论中以分析方法作为研究工具的一个分支。它是在初等数论无法解决的情况下发展起来的，主要起源于对素数分布、哥德巴赫猜想、华林问题以及格点问题等的研究基础上。解析数论的方法主要有复变积分法、圆法、筛法、指数和方法、特征和方法、密率等。

▶▶▶ **延伸阅读**

"支持我、爱护我的恩师走了"

　　华罗庚对陈景润有知遇之恩，没有华罗庚的慧眼识金，也许就没有陈景润的今日辉煌，对此，陈景润一直铭记在心，念念不忘。1985 年 6 月，华罗庚在日本东京大学的讲坛上心脏病复发，猝然倒地，结束了他为数学事业贡献不止的一生。消息传来，全国上下一片悲痛，病中的陈景润更是万分悲痛。他嘴里不停地念叨："华老走了，支持我、爱护我的恩师走了。"1985年 6 月 12 日，在八宝山革命公墓举行了华罗庚骨灰安放仪式。那期间，陈景润已是久病缠身，既不能自主行走又不能站立。领导和同事们都劝陈景润不要去了，但陈景润说："华老如同我的父母，恩重如山，我一定要去见老师最后一面"。在他的坚持下，家人帮他穿衣、穿袜、穿鞋，再把他背下楼。到了八宝山，陈景润坚持要和大家一样站在礼堂里，两个人一左一右地架着他的胳臂，后边一个人支撑着。就是这样，陈景润一直坚持到恩师华罗庚骨灰安放仪式结束。

欧几里得和《几何原本》

　　欧几里得大约生于公元前325年，他是古希腊数学家，他的名字与几何学结下了不解之缘，他因为编著《几何原本》而闻名于世，但关于他的生平事迹知道的却很少，他是亚历山大学派的奠基人。早年可能受教于柏拉图，应托勒密王的邀请在亚历山大授徒，托勒密曾请教欧几里得，问他是否能把证明搞得稍微简单易懂一些。欧几里得顶撞国王说："在几何学中，是没有皇上走的平坦之道的。"

　　另外有一次，一个学生刚刚学完了第一个命题，就问："学了几何学之后将能得到些什么？"欧几里得随即叫人给他三个钱币，说："他想在学习中获取实利。"足见欧几里得治学严谨，反对不肯刻苦钻研投机取巧的思想作风。

　　在公元前6世纪，古埃及、古巴比伦的几何知识传入希腊，和希腊发达的哲学思想，特别是形式逻辑相结合，大大推进了几何学的发展。在公元前6世纪到公元前3世纪期间，希腊人非常想利用逻辑法则把大量的、经验性的、零散的几何知识整理成一个严密完整的系统，到了公元前

欧几里得

3世纪，已经基本形成了"古典几何"，从而使数学进入了"黄金时代"。柏拉图就曾在其学派的大门上书写大型条幅"不懂几何学的人莫入"。欧几里得的《几何原本》正是在这样一个时期，继承和发扬了前人的研究成果，取之精华汇集而成的。

　　几经易稿而最终定形的《几何原本》是一部传世之作，几何学正是有了

TANSUO SHUXUE DAGUANYUAN

它，不仅第一次实现了系统化、条理化，而且又孕育出一个全新的研究领域——欧几里得几何学，简称欧氏几何。《几何原本》问世以后，很快取代了以前的几何教科书。

《几何原本》是一部集前人思想和欧几里得个人创造性于一体的不朽之作。传到今天的欧几里得著作并不多，然而我们却可以从这部书详细的写作笔调中，看出他真实的思想底蕴。

全书共分13篇，其中1～6篇讲的是平面几何，7～9篇讲的是数论，10篇讲的是无理数，11～13篇讲的是立体几何。全书共收入465个命题，用到了5条公设和5条公理。

在每一卷内容当中，欧几里得都采用了与前人完全不同的叙述方式，即先提出公理、公设和定义，然后再由简到繁地证明它们。这使得全书的论述更加紧凑和明快。而在整部书的内容安排上，也同样贯彻了他的这种独具匠心的安排。它由浅到深，从简至繁，先后论述了直边形、圆、比例论、相似形、数、立体几何以及穷竭法等内容。其中有关穷竭法的讨论，成为近代微积分思想的来源。

勾股定理在欧氏《几何原本》中的地位是很突出的，在西方，勾股定理被称做毕达哥拉斯定理，但是追究其发现的时间，在我国和古代的巴比伦、印度都比毕达哥拉斯早几百年，所以我们称它勾股定理或商高定理。在欧氏《几何原本》中，勾股定理的证明方法是：以直角三角形的三条边为边，分别向外作正方形，然后利用面积方法加以证明，人们非常赞同这种巧妙的构思，因此中学课本中还普遍保留这种方法。

据说，英国的哲学家霍布斯一次偶然翻阅欧氏的《几何原本》，看到勾股定理的证明，根本不相信这样的推论，看过后十分惊讶，情不自禁地喊道："上帝啊，这不可能！"于是，他就从后往前仔细地阅读了每个命题的证明，直到公理和公设，最终还是被其证明过程的严谨、清晰所折服。

人们在证明几何命题时，每一个命题总是从前一个命题推导出来的，而前一个命题又是从再前一个命题推导出来的，但是，人们不能这样无限地推导下去，应有一些命题作为起点。这些作为论证起点，具有自明性并被公认下来的命题称为公理，同样对于概念来讲也有些不加定义的原始概念，如点、线等。

在一个数学理论系统中，人们尽可能少地先取原始概念和不加证明的若干公理，以此为出发点，利用纯逻辑推理的方法，把该系统建立成一个演绎系统，这样的方法就是公理化方法。欧几里得采用的正是这种方法。

欧几里得先摆出公理、公设、定义，然后有条不紊地由简单到复杂地证明一系列命题。他以公理、公设、定义为要素，作为已知，先证明了第一个命题。然后又以此为基础，来证明第二个命题，如此下去，证明了大量的命题。其论证之精彩，逻辑之周密，结构之严谨，令人叹为观止。零散的数学理论被他成功地编织为一个从基本假定到最复杂结论的系统。

因而，在数学史上，欧几里得被认为是成功而系统地应用公理化方法的第一人，他的工作被公认为是最早用公理法建立起演绎的数学体系的典范。正是从这层意义上，欧几里得的《几何原本》对数学的发展起到了巨大而深远的影响，在数学发展史上树立了一座不朽的丰碑。

知识点

穷竭法

古希腊的安提芬最早表述了穷竭法，他在研究"化圆为方"问题时，提出了使用圆内接正多边形面积"穷竭"圆面积的思想。在他之后，古希腊数学家欧多克斯改进了安提芬的穷竭法。将其定义为："在一个量中减去比其一半还大的量，不断重复这个过程，可以使剩下的量变得任意小。"再后来，古希腊数学家阿基米德进一步完善了"穷竭法"，并将其广泛应用于求解曲面面积和旋转体体积，由此，穷竭法被称为阿基米德原理。

延伸阅读

《几何原本》中的五个公设和五个公理

公设 1：从任一点到任一点可作一条直线。

公设 2：有限直线可沿直线无限延长。

公设 3：给定中心和距离（半径），可以作一个圆。

公设 4：所有直角都相等。

公设 5：如果一条直线与两条直线相交，且如果同侧所交两内角之和小于两个直角，则这两条直线无限延长后必将相交于该侧的一点。

最后一条公设就是著名的平行公设，它引发了几何史上最著名的长达 2000 多年的关于"平行线理论"的讨论，并最终诞生了非欧几何。值得注意的是，第五公设既不能说是正确也不能说是错误，它所概括的是一种情况。

根据公设 5，欧几里得还提出了 5 个公理，从而完成了他的序篇。这 5 个公理也都是不证自明的真理，但具有更一般的性质，不仅仅只对几何学有效。这些公理是：

公理 1：与同一个东西相等的东西，彼此也相等。

公理 2：等量加等量，总量仍相等。

公理 3：等量减等量，余量仍相等。

公理 4：彼此重合的东西相等。

公理 5：整体大于部分。

数学导师欧拉

列昂哈德·欧拉是 18 世纪数学界的中心人物。他在几何、微积分、力学、天文学、数论，甚至在生物学等方面都有着重要建树。

欧拉降生在一个乡村牧师的家庭，也因此，他才能在邻居同年龄孩子羡慕和妒忌的目光下，进入那座令人瞩目、神往的学校。对于老欧拉来说，这是理所当然的，凭着自己的家传祖教，凭着小欧拉的聪明伶俐，儿子将来肯定是一名出类拔萃的教门后起之秀，或许能进入罗马教廷去供职呢。每当想起儿子的锦绣前程，以及因此而来的荣誉，老欧拉总是乐不可支。

自从欧拉在课堂上汲取了许多高远深奥的学问之后，对自然界的了解就更加充满信心，但与此同时又对一些问题疑惑不解，如：天上的星星有多少颗？他百思不得其解，只好求教于父亲和老师。老欧拉对这类稀奇古怪的问题瞪目结舌，无言以答；老师也只是温和地摸着小欧拉的头顶，漫不经心地说："这是无关紧要的。我们只需知道，天空上的星星都是上帝亲手镶上去的。"这真的无关紧要吗？既然上帝亲手制作了星星，为什么记不住它们的数目呢？小欧拉开始对信仰上帝的绝对权威产生了动摇的念头，他不止一次地问道：上帝到底在哪里？他果真无时不在、无所不能吗？

神学校里出了"叛逆"的学生，这还了得？小欧拉由于整天在思考这些问题，因而听课不专心，考试答非所问。终于有一天，老欧拉被叫到神学校，领回了被学校开除的儿子。

不满10岁的小欧拉对神学本来就不感兴趣，因此，他对于被神学校除名这件事无丝毫伤心，反而更加轻松活跃。从此，他可以无拘无束地思考他感兴趣的问题了。

小欧拉立志要数清天上的星星。为此，他开始学习数学。一踏入这块领域，小欧拉不禁呆住了：天地之中无所不在的数学，正像风光迷人的山水景色，何等引人入胜啊！小欧拉抱着厚厚的数学书籍，写呀，算呀，读得是那样的津津有味。

父亲对儿子在神学校的表现很有些伤心，但当他看到小欧拉是那样的无忧无虑，又痴迷于数学时，也只有听之任之了。

小欧拉酷爱数学的事传进当地数学名流伯努利的耳朵里。

伯努利的惜才、爱才是著名的。这次，他专门来到欧拉家中。小欧拉放下手中的书本，双眼盯着这位德高望重的教授，质询似的问道：

"您知道天上的星星有多少颗吗？"

伯努利第一次经历这种面对面的"挑战"场面，他呆住了，问道："那么，你知道了？"

小欧拉摇摇头，同时对这位不作正面回答的教授投去失望的目光。

"你还知道些什么呢？"教授又问道。

"我知道：6 可分解成 1，2，3，6，把 1，2，3 加起来等于 6；28 可分解成 1，2，4，7，14，28，把 1，2，4，7，14 加起来等于 28。是不是还有类似的数呢？"小欧拉比比划划，十分活跃。显然，他希望对方给予满意的解答。

这是"完全数"，一个古老的数学之谜，迄今尚无人知晓其全部奥秘。

一个小孩子能提出这种有分量的问题，使得这位蜚声全欧的教授满心欢喜。于是，在教授的极力推荐下，这位被神学校开除的学生、年方 13 岁的小欧拉，终于跨进了巴塞尔大学的校门。

在巴塞尔大学，欧拉涉猎了数学的大部分领域。老师们很快地发现，课堂上讲授的内容和进度远远不能满足欧拉的需求。伯努利听说后，更是惊喜万分，他当即决定从自己有限的宝贵时间中专门挤出一部分为欧拉辅导，于是便有了极不平常的"欧拉学习日"。伯努利以其丰富的阅历和对数学发展状况的深刻了解，给欧拉重要的指导，使年轻的欧拉很快地进入前沿领域。欧拉从此走上了献身数学的道路。

欧拉卒于 1783 年。纵观其一生的研究历程，我们会发现，他虽然没有像笛卡儿、牛顿那样为数学开辟撼人心灵的新分支，但"没有一个人像他那样多产，像他那样巧妙地把握数学；也没有人能收集和利用代数、几何、分析的手段去产生那么多令人钦佩的结果"。欧拉为数学谱写了一首首精彩的诗篇！

欧拉关于微积分方面的论述构成了 18 世纪微积分的主要内容。他澄清了函数的概念及对各种新函数的认识，对全体初等函数连同它们的微分、积分进行了系统的研究和分类，标志着微积分从几何学的束缚中彻底解放，从此成为一种形式化的函数理论；给出了多元函数的定义及偏导数的运算性质，研究了二阶混合偏导数相等、用累次积分计算二重积分等问题，初步建立起多元函数的微积分理论；考察了微积分的严密性，使微积分脱离几何而建立在代数的基础上；还有无穷级数的专门研究等。正如伯努利所言，是欧拉将微积分"带大成人"。

欧拉在微分方程、变分法方面也有出色成就。欧拉深入考虑了在常微分方程中占有重要地位的方程及一般常系数线性微分方程的求解方法，开创了这类方程的现代解法，极大地丰富了诞生不久的微分方程理论；欧拉研究了微分方程的幂级数解法，从而解决了一大批不能用通常积分求解的微分方程；欧拉导出了一维、二维和三维的波动方程，并对平面波、柱面波和球面波等各类偏微分方程的解做了分类和研究；欧拉在变分法方面的成果，也标志了变分法作为一个新的数学分支的诞生，为日后的发展奠定了重要的基础。

在数论研究方面，欧拉的工作也具有举足轻重的地位。在费马开辟的道路上，欧拉几乎走完了它的全程，其中最富于首创精神、并能引出最多成果的发现要数二次互反律了。欧拉对二次互反律进行了深入的探讨并作出清楚的叙述，这已成为近代数论的重要内容。

欧拉在初等数学领域也花费了不少心血。《无穷小分析引论》是数学史上第一本沟通微积分与初等数学的杰作，被看做现代意义下的第一本解析几何教程；《对代数的完整介绍》系统总结了16世纪中期开始发展的代数学理论，它的出版标志了初等代数发展史的基本结束。

欧拉是一个十分注重数学应用的人。他把数学应用于物理领域，在力学、热学、声学、光学等物理分支中"频奏凯歌"；他把数学应用于天文研究，创立了关于月球运动的第二种理论；他把数学应用于航海、造船、生物等工程，都卓有成效。

要知道，许多重要成果是在他双目失明、心力交瘁的情况下取得的。这不能不引发我们更崇高的敬意！

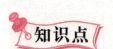

> ### 微分方程
>
> 　　微分方程是常微分方程和偏微分方程的总称，指含有自变量、自变量的未知函数及其导数的等式。微分方程论是数学的重要分支之一。大致和微积分同时产生，并随实际需要而发展。常微分方程的形成与发展是和力学、天文学、物理学以及其他科学技术的发展密切相关的。数学的其他分支的新发展对常微分方程的发展也产生了深刻的影响。

　延伸阅读

帮助父亲解决羊圈问题

　　小欧拉离开神学院后在家帮父亲干活。这天，为扩大羊圈，父子俩正在丈量土地：小欧拉拉住测绳的一端，父亲拉直测绳后从另一端读出数值，根据量得的长度计算场地面积和所用的篱笆材料。父亲刚把4根转角桩打入地下，小欧拉的"报告"也出来了："羊圈长40尺、宽15尺，面积600平方尺，需用110尺篱笆材料。""可我们只有100尺材料啊！按长40尺，宽10尺计算，只得400平方尺的羊圈，怎么办？"父亲给儿子出了一个难题。

　　"如果把这4根木桩适当地挪一挪位置，也许用同样多的篱笆，还能使羊圈面积扩大。但什么情况下面积最大呢？"小欧拉开动脑筋，为自己的家庭解决问题。

　　次日天刚亮，小欧拉晃醒了睡梦中的父亲："只要把羊圈的长、宽都定为25尺，那么，用100尺材料就可围成625平方尺的羊圈了。"

数学王子高斯

卡尔·弗里德里希·高斯（1777～1855）是德国 18 世纪末到 19 世纪中叶的伟大数学家、天文学家和物理学家，被誉为历史上最有才华的数学家之一。

在数学上，高斯的贡献遍及纯粹数学和应用数学的各个领域。特别是在数论和几何学上的创新，对后世数学的发展有着深刻的影响。由于他非凡的数学才华和伟大成就，人们把他和阿基米德、牛顿并列，同享盛名，并尊称他为"数学王子"。德国数学家克莱因这样评价高斯："如果我们把 18 世纪的数学家想象为一系列的高山峻岭，那么最后一个使人肃然起敬的顶峰便是高斯——那样一个在广大丰富的区域充满了生命的新元素。"

高斯聪敏早慧，他的数学天赋在童年时代就已显露。高斯的父亲虽是个农夫，但有一定的书写和计算能力。在高斯 3 岁时，一天，父亲聚精会神地算账。当计算完毕，父亲念出数字准备记下时，站在一旁玩耍的高斯用微小的声音说："爸爸，算错了！结果应该是这样……"父亲惊愕地抬起头，看了看儿子，又复核了一次，果然高斯说的是正确的。

数学王子高斯

后来高斯回忆这段往事时曾半开玩笑地说："我在学会说话以前，已经学会计算了。"

1784 年，高斯 7 岁，父亲把他送入耶卡捷林宁国民小学读书。教师是布伦瑞克小有名气的"数学家"比纳特。当时，这所小学条件相当简陋，低矮潮湿的平房，地面凹凸不平。就在这所学校里，高斯开始了正规学习，并在数学领域里一显他的天才。

1787 年，高斯三年级。一次，比纳特给学生出了道计算题：

TANSUO SHUXUE DAGUANYUAN

$$1+2+3+\cdots+98+99+100＝?$$

不料，老师刚叙述完题目，高斯很快就将答案写在了小石板上：5050。当高斯将小石板送到老师面前时，比纳特不禁大吃一惊。结果，全班只有高斯一人的答案是对的。

高斯在计算这道题时用了教师未曾教过的等差级数的办法。即在 1 至 100 中，取前后每一对数相加，$1+100$，$2+99$，…，其和都是 101，这样一共有 50 个 101，因此，$101×50＝5050$，结果就这样很快算出来了。

通过这次计算，比纳特老师发现了高斯非凡的数学才能，并开始喜爱这个农家子弟。比纳特给高斯找来了许多数学书籍供他阅读，还特意从汉堡买来数学书送给高斯。高斯在老师的帮助下，读了很多书籍，开拓了视野。

由于高斯聪明好学，他很快成为布伦瑞克远近闻名的人物。

一天，在放学回家的路上，高斯边走边看书，不知不觉地走到了斐迪南公爵的门口。在花园里散步的公爵夫人看见一个小孩儿捧着一本大书竟如此着迷。于是叫住高斯，问他在看什么书。当她发现高斯读的竟是大数学家欧拉的《微分学原理》时，十分震惊，她把这件事告诉了公爵。公爵喜欢上了这个略带羞涩的孩子，并对他的才华表示赞赏。公爵同意作为高斯的资助人，让他接受高等教育。

1792 年，高斯在公爵的资助下进入了布伦瑞克的卡罗琳学院学习。在此期间，他除了阅读学校规定必修的古代语言、哲学、历史、自然科学外，还攻读了牛顿、欧拉和拉格朗日等人的著作。高斯十分推崇这三位前辈，至今还留有他读牛顿的《普遍的算术》和欧拉的《积分学原理》后的体会笔记。在对这些前辈数学家原著的研究中，高斯了解到当时数学中的一些前沿学科的发展情况。由于受欧拉的影响，高斯对数论特别爱好，在他还不到 15 岁时，就开始了对数论的研究。从这时起，高斯制订了一个研究数论的程序：确定课题——实践（计算、制表或称实验）——理论（通过归纳发现有待证明的定律）——实践（运用定律进一步做经验研究）——理论（在更高水平上表述更普遍的规律性和发现更深刻的联系）。尽管开始研究时并不那么自觉和完善地执行，但高斯始终以极其严肃的态度对待他从小就开始的事业。

1795 年，高斯结束了卡罗琳学院的学习。10 月，进入了哥廷根大学读书。从此，数学王子开始了对数学的研究。

知识点

应用数学

应用数学是应用目的明确的数学理论和方法的总称，是研究如何应用数学知识到其他范畴（尤其是科学）的数学分支，它包括微分方程、向量分析、矩阵、复变分析、数值方法、概率论、数理统计、运筹学、控制理论、组合数学、信息论等许多数学分支，也包括从各种应用领域中提出的数学问题的研究。

 延伸阅读

高斯的博士论文

高斯的博士论文证明了代数一个重要的定理：任何一元代数方程都有根。这个定理数学上称为"代数基本定理"：

任何复系数一元 n 次多项式方程在复数域上至少有一根（$n \geqslant 1$），由此推出，n 次复系数多项式方程在复数域内有且只有 n 个根（重根按重数计算）。

代数基本定理在代数乃至整个数学中起着基础作用。据说，关于代数基本定理的证明，现有 200 多种证法。迄今为止，该定理尚无纯代数方法的证明。

该定理的第一个证明是法国数学家达朗贝尔给出的，但证明不完整。接着，欧拉也给出了一个证明，但也有缺陷，拉格朗日于 1772 年又重新证明了该定理，后经高斯分析，证明仍然是很不严格的。

代数基本定理的第一个严格证明通常认为是高斯给出的（就是 1799 年在

哥廷根大学的博士论文），基本思想如下：

设 $f(z)$ 为 n 次实系数多项式，记 $z=x+y\mathrm{i}$（x，$y\in R$），考虑方根：

$$f(x+y\mathrm{i})=u(x,y)+v(x,y)\mathrm{i}=0$$

即 $u(x,y)=0$ 与 $v(x,y)=0$

这里 $u(x,y)=0$ 与 $v(x,y)=0$ 分别表示 xOy 坐标平面上的两条曲线 C_1、C_2，于是通过对曲线作定性的研究，他证明了这两条曲线必有一个交点 $z_0=a+b\mathrm{i}$，从而得出 $u(a,b)=v(a,b)=0$，即 $f(a+b\mathrm{i})=0$，因此 z_0 便是方程 $f(z)=0$ 的一个根，这个论证具有高度的创造性，但从现代的标准看依然是不严格的，因为他依靠了曲线的图形，证明它们必然相交，而这些图形是比较复杂的，正中隐含了很多需要验证的拓扑结论等等。

事实上，在高斯之前有许多数学家认为已给出了这个结果的证明，可是没有一个证明是严密的，高斯是第一个数学家给出严密无误的证明，高斯认为这个定理是很重要的，在他一生中给出了一共 4 个不同的证明。其中第四个证法是他 71 岁公布的，并且在这个证明中他允许多项式的系数是复数。

▌▌韦达与数学符号应用

现今的人们，已经习惯用字母 x，y 等表示未知量，并用各种极为简练的符号表示未知量和已知量之间的种种运算关系，从而构成了形式各异的代数式。两个代数式之间用"="号加以连接，就得到今天大家常见的方程。然而，发展到现在初中课本上看到的一切，是经历了一个相当漫长的岁月。而用字母表示数，却是一个更为巨大的创造，它使更加深刻的代数理论成为可能。这个功绩要首推 16 世纪末法国数学大师弗朗索瓦·韦达。

韦达 1540 年生于法国普瓦图地区，其父亲艾蒂安是一名律师。韦达早年在家乡接受初等教育，后来到普瓦捷大学学习法律，1560 年获法学学士学位，成了一名律师。1564 年放弃这一职位，做了一段秘书和家庭教师工作。

1573 年 10 月，受查理九世委派，韦达任雷恩布列塔尼地方法院律师。闲

暇期间钻研各种数学问题。1580 年 3 月在巴黎成为法国行政法院审查官，后任皇室私人律师。1584 年遭政敌陷害被放逐，5 年后又被亨利三世召回宫中，充任最高法院律师。在法兰西与西班牙的战争期间（1595～1598 年），韦达为亨利四世破译截获的西班牙密码信件，卓有成效。后来几年辗转于丰特奈和巴黎。1602 年被亨利四世免职，次年去世。

韦达是法国 16 世纪最有影响的数学家。他在毕业以后和从政在野期间曾潜心探讨数学，并一直将这一研究作为业余爱好。为了把研究成果及时发表，还自筹资金印刷和发行自己的著作。由于他的论著内容深奥，言辞艰涩，故其理论当时并没有产生很大影响。直到 1646 年，由荷兰数学家斯霍腾在莱顿出版了韦达全部著作的文集，才使他的理论渐渐流传开来，得到后人的承认和赞赏。

韦达首先建立起符号代数学，在此以前，代数学一般都是用文字来表达的，这种表达方法不但比较复杂，而且容易引发歧意。

15 世纪，随着中国印刷术传入欧洲，欧洲开始出版印刷的书籍。印刷书籍的出现，对数学界提出了建立符号的要求，从此，数学界慢慢出现了像"＋"、"－"、"×"、"÷"等数学符号。

"＋"与"－"符号的使用，起于公元 1489 年。"×"号出现于 16 世纪初，"÷"号还要更晚些。作为方程标志的近代等号"＝"，则最早见于公元 1557 年雷科德的《智慧的磨刀石》一书。雷科德曾经极为风趣地说，他选择两条等长的平行线作为等号，是因为他们再相等不过了。

1591 年，韦达的《分析方法引论》出版，这标志着符号代数学的产生。《分析方法入门》是韦达最重要的代数著作，也是最早的符号代数专着，书中第 1 章引用了两种希腊文献：帕波斯的《数学文集》第 7 篇和丢番图的《算术》，他将帕波斯提出的几何定理与问题和丢番图著作中的解题步骤结合起来，认为代数是一种由已知结果求条件的逻辑分析技巧，并自信希腊数学家已经应用了这种分析法，他自己只不过将这种分析方法重新组织。韦达不赞成用 algebra（代数）这个词，因为它是一个外来语，在欧洲语言中没有意义，建议用 analyse（分析）来代替它。

韦达不满足于丢番图对每一问题都用特殊解法的思想，试图创立一般的符号代数。他引入字母来表示量，用辅音字母 B、C、D 等表示已知量，用元音字母 A（后来用过 N）等表示未知量 x，而用 Aquadratus、Acubus 表示 x^2、x^3，并将这种代数称为"类的运算"，以此区别于用来确定数目的"数的运算"。

韦达把运用符号的代数叫类的算术，这样可以和数的算术区别开来，他明确地指出类的算术和数的算术的区别在于前者是对事物类进行运算，后者是对数进行运算。从而奠定了符号代数学的基础。

在数学中，代数与算术的区别在于代数引入了未知量，用字母等符号表示未知量的值进行运算。韦达之前，已有不少数学家用字母代替特定的数，但并不常用，韦达是第一个使之系统化的人。虽然他选用的符号并不优良（相等、相乘等概念在运算中仍用文词表示），没有沿用下来，现在用 a，b，c 表示已知量，x，y，z 表示未知量的习惯用法是笛卡儿继韦达之后提出的，可是当韦达提出类的运算与数的运算的区别时，就已规定了代数与算术的分界。这样，代数就成为研究一般的类和方程的学问，这种革新被认为是数学史上的重要进步，它为代数学的发展开辟了道路，因此韦达被西方称为"代数学之父"。

 知识点

数学符号

数学符号是数学科学专门使用的特殊符号，是一种含义高度概括、形体高度浓缩的抽象的科学语言。具体地说，数学符号是产生于数学概念、演算、公式、命题、推理和逻辑关系等整个数学过程中，为使数学思维过程更加准确、概括、简明、直观和易于揭示数学对象的本质而形成的特殊的数学语言。

延伸阅读

才华横溢的韦达

相传有一次，一位荷兰大使来法国访问，他向法国国王亨利四世夸口说，法国没有一个数学家能解决他们国家的数学家罗芒乌斯提出的需要解 45 次方程的问题。韦达听到后，非常生气，他立即去拜访这位大使，因为韦达当时在宫廷里担任亨利四世的顾问。他和趾高气扬的荷兰大使打赌 1000 法郎，他把这个方程看了看，立即发现了它与三角学有很大的联系，没用几分钟就给出了两个根，一个上午给出了 21 个根，虽然他发现了负根，但他不承认负根的存在。最后他不但赢得了 1000 法郎，反而向荷兰的罗芒乌斯提出了挑战，他提出的问题是看谁能最早解决"阿波罗尼奥斯问题"，即做一个圆与三个给定圆相切的问题。这下罗芒乌斯傻眼了，因为他一直用欧几里得工具来求做，怎么也做不出来。后来，他听说韦达的解法非常科学，不远千里来拜访韦达，从此他们俩建立了亲密的友谊，在数学界传为佳话。

除此之外，韦达还是一个天才的密码破译专家。相传西班牙和法国进行着一场旷日持久的战争，两国不分上下，处于相持阶段。也许是天助法国，他们得到一份西班牙的军用密码，上面只有几百个字母，可是许多人都无法破译。正当他们束手无策时，想到了大数学家韦达。韦达拿到密码后，通过两天两夜的钻研，终于破译出来。法国凭此密码，不到两年工夫就打败了西班牙。以致西班牙国王对法国能迅速破译他们的密码也提出怀疑，于是向教皇控告说，法国在对付西班牙时采用了魔术。

佩雷尔曼证明彭加勒猜想

彭加勒猜想是法国数学家彭加勒提出的一个猜想，是克雷数学研究所悬赏的世界七大数学难题之一。2006年被确认由俄罗斯数学家格里戈里·佩雷尔曼最终证明，但将解题方法公布到网上之后，佩雷尔曼便拒绝接受马德里国际数学联合会声望颇高的菲尔兹奖。

俄罗斯数学家格里戈里·佩雷尔曼

如果我们伸缩围绕一个苹果表面的橡皮带，那么我们可以既不扯断它，也不让它离开表面，使它慢慢移动收缩为一个点。另一方面，如果我们想象同样的橡皮带以适当的方向被伸缩在一个轮胎面上，那么不扯断橡皮带或者轮胎面，是没有办法把它收缩到一点的。我们说，苹果表面是"单连通的"，而轮胎面不是。

大约在100年以前，彭加勒已经知道，二维球面本质上可由单连通性来刻画，他提出三维球面（四维空间中与原点有单位距离的点的全体）的对应问题。这个问题立即变得无比困难，从那时起，数学家们就在为此奋斗。

一位数学史家曾经如此形容1854年出生的亨利·彭加勒（Henri Poincare）："有些人仿佛生下来就是为了证明天才的存在似的，每次看到亨利，我就会听见这个恼人的声音在我耳边响起。"

彭加勒作为伟大的数学家，并不完全在于他解决了多少问题，而在于他曾经提出过许多具有开创意义、奠基性的大问题。彭加勒猜想，就是其中的一个。

1904年，彭加勒在一篇论文中提出了一个看似很简单的拓扑学的猜想：在一个三维空间中，假如每一条封闭的曲线都能收缩到一点，那么这个空间一定是一个三维的圆球。但1905年发现提法中有错误，并对之进行了修改，被推广为："任何与n维球面同伦的n维封闭流形必定同胚于n维球面。"后来，这个猜想被推广至三维以上空间，被称为"高维彭加勒猜想"。

如果认为这个说法太抽象的话，我们不妨做这样一个想象：

想象这样一个房子，这个空间是一个球。或者，想象一只巨大的足球，里面充满了气，我们钻到里面看，这就是一个球形的房子。

我们不妨假设这个球形的房子墙壁是用钢做的，非常结实，没有窗户没有门，我们现在在这样的球形房子里。拿一个气球来，带到这个球形的房子里。随便什么气球都可以（其实对这个气球是有要求的）。这个气球并不是瘪的，而是已经吹成某一个形状，什么形状都可以（对形状也有一定要求）。但是这个气球，我们还可以继续吹大它，而且假设气球的皮特别结实，肯定不会被吹破。还要假设，这个气球的皮是无限薄的。

好，现在我们继续吹大这个气球，一直吹。吹到最后会怎么样呢？彭加勒先生猜想，吹到最后，一定是气球表面和整个球形房子的墙壁表面紧紧地贴住，中间没有缝隙。

看起来这是不是很容易想清楚？但数学可不是"随便想想"就能证明一个猜想的，这需要严密的数学推理和逻辑推理。一个多世纪以来，无数的科学家为了证明它，绞尽脑汁甚至倾其一生还是无果而终。

20世纪30年代以前，彭加勒猜想的研究只有零星几项。但突然，英国数学家怀特海对这个问题产生了浓厚兴趣。他一度声称自己完成了证明，但不久就撤回了论文，失之桑榆、收之东隅。但是在这个过程中，他发现了三维流形的一些有趣的特例，而这些特例，现在被统称为怀特海流形。

30年代到60年代之间，又有一些著名的数学家宣称自己解决了彭加勒猜想，著名的宾、哈肯、莫伊泽和帕帕奇拉克普罗斯均在其中。这一时期拓扑学家对彭加勒猜想的研究，虽然没能产生他们所期待的结果，但是，却因此发展出了低维拓扑学这门学科。

一次又一次尝试的失败，使得彭加勒猜想成为出了名难证的数学问题之一。然而，因为它是几何拓扑研究的基础，数学家们又不能将其撂在一旁。这时，事情出现了转机。

1966年菲尔兹奖得主斯梅尔，在60年代初想到了一个天才的主意：如果三维的彭加勒猜想难以解决，高维的会不会容易些呢？1961年的夏天，在基

辅的非线性振动会议上，斯梅尔公布了自己对彭加勒猜想的五维空间和五维以上的证明，立时引起轰动。

10多年之后的1983年，美国数学家福里德曼将证明又向前推动了一步。在唐纳森工作的基础上，他证出了四维空间中的彭加勒猜想，并因此获得菲尔兹奖。但是，再向前推进的工作，又停滞了。

拓扑学的方法研究三维彭加勒猜想没有进展，有人开始想到了其他的工具。瑟斯顿就是其中之一。他引入了几何结构的方法对三维流形进行切割，并因此获得了1983年的菲尔兹奖。

然而，彭加勒猜想，依然没有得到证明。

2002年11月和2003年7月，一个叫格里戈里·佩雷尔曼的数学家在花了8年时间研究这个难题后，将3份关键论文的手稿，粘贴到一家专门刊登数学和物理论文的网站上，并用电邮通知了几位数学家。声称证明了几何化猜想。到2005年10月，数位专家宣布验证了该证明，一致的赞成意见几乎已经达成。

佩雷尔曼，生于1966年6月13日，16岁时，他以优异的成绩在1982年举行的国际数学奥林匹克竞赛中摘得金牌。从圣彼得堡大学获得博士学位后，佩雷尔曼一直在俄罗斯科学院圣彼得堡斯捷克洛夫数学研究所工作。20世纪80年代末期，他曾到美国多所大学做博士后研究。后来他回到斯捷克洛夫数学研究所，继续他的宇宙形状证明工作。

证明彭加勒猜想关键作用是让佩雷尔曼很快曝光于公众视野，但他似乎并不喜欢与媒体打交道。据说，有记者想给他拍照，被他大声制止；而对像一些声名显赫杂志的采访，他也不屑一顾。

佩雷尔曼的做法让克雷数学研究所大伤脑筋。因为按照这个研究所的规矩，宣称破解了猜想的人需在正规杂志上发表并得到专家的认可后，才能获得100万美元的奖金。显然，佩雷尔曼并不想把这100万美金补充到他那微薄的收入中去。

2003年，在发表了他的研究成果后不久，佩雷尔曼就从人们的视野中消失了。据说他和母亲、妹妹一起住在圣彼得堡市郊的一所小房子里，而且这个犹太人家庭很少对外开放。

三维空间

　　三维空间也称为三次元、3D，"维"在这里表示方向，日常生活中的三维空间常常是指三维的欧几里得空间，即由长、宽、高三个维度所构成的空间。一维空间具有单向性；二维空间具有双向性；三维空间具有三向性，呈立体性。相对论、弦理论等新理论诞生以后，用三维空间来描述宇宙已经大大落伍，需要用到更高维的数学模型来描述宇宙。

世界七大数学难题

　　2000年初美国克雷数学研究所的科学顾问委员会选定了7个"千年大奖问题"，克雷数学研究所的董事会决定每个"千年大奖问题"的解决都可获得100万美元的奖励。"千年大奖问题"公布以来，在世界数学界产生了强烈反响。这些问题都是关于数学基本理论的，这些问题的解决将对数学理论的发展和应用的深化产生巨大推动。如今，认识和研究"千年大奖问题"已成为世界数学界的热点。许多国家的数学家正在组织联合攻关。

　　这7个"千年大奖问题"是：NP完全问题、霍奇猜想、彭加勒猜想、黎曼假设、杨—米尔斯理论、纳卫尔—斯托可方程、BSD猜想。到目前为止，7个"千年大奖问题"，只有一个得到了解决，那就是彭加勒猜想，其余6个还没有得到解决。